我

们

一

起

解

决

问

题

孕期冥想
心理课

董政 张胜男 著

人民邮电出版社

北　京

图书在版编目（CIP）数据

孕期冥想心理课 / 董政，张胜男著. -- 北京：人民邮电出版社，2023.2
ISBN 978-7-115-60276-3

Ⅰ. ①孕… Ⅱ. ①董… ②张… Ⅲ. ①孕妇－心理保健 Ⅳ. ①B844.5

中国版本图书馆CIP数据核字(2022)第194620号

内 容 提 要

从怀孕到孩子降生，每一位准妈妈都会在 40 周左右的时间内经历一系列的身心挑战。本书作者结合孕期不同的身心主题，分享自己十月怀胎的亲身经历，并针对孕期内准妈妈在心理、生理、工作、生活中可能遇到的状况给出建议。同时，书中的冥想练习部分通过对呼吸的觉察、调整注意力、学习与疼痛相处等不同形式，帮助准妈妈学会敏锐地觉察身体的变化，了解自己当下的感受，并且以开放、接纳的心态去面对，从而缓解和预防因怀孕带来的焦虑、抑郁等负面情绪，为迎接新生儿的到来做好充分准备。

本书适合准备怀孕或已经处于孕期中的准妈妈及其家人阅读。

◆ 著　董　政　张胜男
责任编辑　陈斯雯
责任印制　彭志环

◆ 人民邮电出版社出版发行　　北京市丰台区成寿寺路 11 号
邮编 100164　电子邮件 315@ptpress.com.cn
网址 https://www.ptpress.com.cn
北京鑫丰华彩印有限公司印刷

◆ 开本：880×1230　1/32
印张：9.25　　　　　　　　2023 年 2 月第 1 版
字数：150 千字　　　　　　2023 年 2 月北京第 1 次印刷

定　价：59.80 元
读者服务热线：（010）81055656　印装质量热线：（010）81055316
反盗版热线：（010）81055315
广告经营许可证：京东市监广登字 20170147号

专家推荐

吴龙 | 妇产科医生、母婴自媒体达人、畅销书作者
正念冥想能够帮助孕期中的准妈妈保持平和的心态，
与身体和心理的变化共处。

段涛 | 同济大学附属第一妇婴保健院教授、主任医师、博士
研究生导师
对于女性来讲，怀孕既是一种喜悦，也是一个挑战，
充满了各种未知和不确定，很容易产生抑郁和焦虑情
绪。参透，放下，心安，才能自在。

黄薛冰 | 北京大学第六医院临床心理科主任
正念是一种循证证据充分的身心自助调节方法，非常
适合孕产期女性。

庞军 | 中国生命关怀协会静观专业委员会副主任委员、资深正念导师、督导师

董政老师的新书《孕期冥想心理课》是为准妈妈量身打造的一本孕期身心呵护指南，推荐给备孕或孕期中的准妈妈阅读，也推荐各位准爸爸一起学习。

吴启楠 | 新风天域创始人兼首席执行官、和睦家医疗首席执行官

本书立足于孕期身心健康，为准妈妈打造了一套科学、实用的孕期身心调节周计划。

推荐序
PREFACE

小董曾经是我的患者，我们一起与焦虑症抗争多年，几经波折。如今小董过上了童话般的美好生活，创作完成了这本书，并"属予作文以记之"，身为她的主治医生，我深感荣幸。

还记得八年前，我在门诊首次接待了小董——一位青春洋溢、文雅可爱的姑娘，彼时她刚从中国传媒大学毕业。我只问了一句"你怎么了"，她就一股脑地倾诉起来："所有生活仿佛在一瞬间被按了暂停键，面对路上熙熙攘攘的车辆和人群，我好像什么都不会了，我想向着目的地走，可是怎么也走不到。灵魂好像被抽离了，好像随时要昏倒一样，世界离我越来越远。我觉得憋气、烦躁，经常会大叫、大哭，情绪崩溃。脑子里都是些奇怪的想法，整晚失眠，躺在床上心跳越来越快。我今天来了就不想走了，只有在医院里我才感到安全。"

小董被诊断为重度焦虑症，开始服药治疗。治疗过程竟出奇的顺利，才一个月她的病情就明显好转。小董恢复了工作，并在一年后顺利停药。最后一次来门诊时，她说再也不想见到医生了（许多患者病愈之后都是这样想的），我也顺势说："不见！"

然而事与愿违，三年后我们又见面了，小董的焦虑症复发了。一如从前的治疗，她在服药一年后停药。这一次，我们认真讨论了怎样预防焦虑症复发，尤其是怎样预防在怀孕期间复发。这是因为，焦虑症在怀孕前和孕期中很容易复发，而这会使患者和医生都陷入两难，服药对胎儿有风险，不服药焦虑会加重，进而影响母亲和胎儿的健康。于是，我向小董推荐了正念冥想。

接下来的几年，小董坚持练习，同时详细记录自己的领悟和体会（这些领悟和体会也成为本书的一部分），终于收获了身心平和与自洽。

但是，"焦虑君"在小董怀孕后又蠢蠢欲动。她自述："我的脾气越来越火爆，各种担心在头脑中冲撞。怀孕是否会影响工作？我该如何与同事和领导相处？每次产检，我心里都七上八下，担心胎儿会出现意外。"由于正处于孕期，小董并没有服药，靠着每天进行正念冥想练习，从怀孕到生产，虽有症状，但她还是坚持下来了。然而，在体内激素发生剧烈变化、体力严重消耗和各种外因的叠加之下，产后 10 天，小董的焦虑症第三次爆发。一如从前，我们再次服药击退了"焦虑君"。

小董的经历说明正念冥想有助于女性顺利度过备孕、怀孕和生产的全过程。对于没有焦虑和抑郁病史的女性，正念冥想可以帮助其从容地缓解压力，有效预防在孕期这个特殊阶段发生焦虑和抑郁；对于有过焦虑和抑郁病史的女性，正念冥想可以起到预防复发或延缓复发的作用，只要坚持到产后，即便复发了也可以通过药物治疗、物理治疗等方法从容应对。

最后，愿广大育龄女性朋友都能从此书中获益！

范肖冬　北京大学第六医院

2022.7.25

于北京

前言
PREFACE

　　近年来，身边年龄相仿的姐妹们相继进入了"准妈妈"的角色，但大家的孕期体验却不尽相同，有因为宫颈管过短而早早躺在床上保胎的，也有通过辅助生殖技术怀孕，因过程之艰难导致每天惶恐不安的。怀胎十月，伴随着身体上的不适衍生出来的，是准妈妈对宝宝时时刻刻的担心、焦虑和紧张。我的孕期虽说还算顺利，但也没能逃脱产前焦虑、产后抑郁的命运。因此，让准妈妈在孕期关注自己的心理状态，很早就成为我脑海中的一个重要课题。能否通过放松的练习来缓解孕期特定情境的焦虑呢？通过这些练习，能否帮你找到怀孕带给你的积极的一面呢？我想，答案是肯定的。

　　就像我在这本书中所写，怀孕是生活的重启键。在这次深层次的重启中，蕴含着未来生活的无限可能。

　　本书按照孕早期、孕中期、孕晚期分为三个部分，每一部分按照相应的孕周分节叙述。

▌孕早期：从科学备孕到应对不适

孕早期是一个敏感的时期，你可能会担心自己流产，而早孕反应也会让你的身体出现各种不适。要想减轻早孕反应产生的症状，缓解紧张的情绪，你可以采用转移注意力的方法。

▌孕中期：和宝宝和平共处的美好时光

在美妙的孕中期，你能感受到宝宝在腹中一天天在长大。在这个时期，你可以和宝宝更多地互动，记录新生日记，每一天和宝宝说"晚安"。当然，控制体重和保持营养也是这一阶段的重要课题。

▌孕晚期：拥抱宝宝来临前的信号

在孕晚期，耻骨分离的疼痛、失眠、胃酸反流等痛苦几乎每天都在伴随着你。让我们换个角度看待这些不适，拥抱

孕期
冥想心理课

事物本来的样子，你会发现，全然接纳了所有担心，你就能轻松很多。

在每一节中，我分享了自己在40周孕期内的亲身经历，并针对孕期内准妈妈在心理、生理、工作、生活中可能遇到的状况给出了科学、严谨的建议。同时，每一周都配有冥想练习，我将带领各位准妈妈通过对呼吸的觉察、调整注意力、学习与疼痛相处等不同形式调节身心状态，帮助准妈妈学会觉察身体的变化，了解自己当下的感受，并且以开放、接纳的心态去面对孕期内的各种状况，从而有针对性地缓解因怀孕带来的焦虑、抑郁等负面情绪，改善失眠、烦躁和躯体方面的不适状况，为迎接宝宝的到来做好充分准备。

希望你在每一个需要帮助的节点，都能够从这本书中找到方法、获得启发，在经历过整个孕期后，你能够变得更加柔软、更加专注；也希望这40周的孕期分享和冥想练习，能够陪伴你顺利度过人生中这段特别的旅程，而正念冥想就像是这段旅程领航员，在你最迷茫无助的时候陪伴你，帮助你克服恐惧，期待新生。

本书内容仅供参考，如果各位准妈妈在孕期中感到身体不适，请及时去医院寻求专业诊断。

目 录
CONTENTS

孕期
冥想心理课

启程
————

你需要这些准备

第1周
你做好怀孕的准备了吗

　　对于怀孕这件事，你是否已经做好了准备呢？在当下，我恐怕不能拍着胸脯信誓旦旦地说："我准备好了。"在我产后焦虑最严重的时候，一位临床心理专家劝慰我："养孩子可比生孩子难多了！下次你可要做好身心的双重准备呀！"显然，不到最后一步，我终究体会不到提前做好心理建设的重要性。心理建设，甚至比十月怀胎一朝分娩更重要。

　　成为母亲是非常具象的改变。在我分娩之前，很多朋友都来给我打预防针："赶紧补补觉吧，生完孩子就没机会睡整觉了！想吃什么赶紧吃，一开始喂奶就要忌口了！"言犹在耳，但只要没有成为现实的那个当下，你永远都无法想象现实的惨痛。

刚生下宝宝的那段时间里，每两个小时我就要起床喂奶，每三个小时要吸奶，否则就会因为堵奶导致乳腺炎而疼痛难忍；每晚，宝宝哭闹不止，我辗转反侧无法入睡，看遍了凌晨每一个时刻的天空……此时，我该如何体面地直面眼前的生活呢？如何从容地应对每一天的变化呢？况且，这些过程没有人能够代替，只能靠我们自己。

我经常在想，也许必须独自经历这些人生的难，才能成为真正的母亲吧。这大概是"成为"母亲的必经之路，我的母亲也是这样过来的。只有经历了，才能托起另一个生命的人生。所以，各位正在备孕的女性朋友，比起身体的准备，心理的准备更为重要。你可以试想一下怀孕后要面对的那些艰难的瞬间，如果是你，你会如何面对。倘若你能提前做好充分的准备，不论是调整预期还是接纳现实，这些都能让你在面对孕期及产后的一系列变化时，变得更加从容。

备孕，你需要做哪些准备

1. 调整身心状态

为了确保夫妻二人的身体都是符合备孕条件的，我建议在备孕之前做一次完整的孕前检查，同时，改变一些生活上的不良习惯，如吸烟、酗酒、滥用药物等，确保在生理上尽可能以健康的状态受孕。

你可以采用向自己提问的方式来调整心理状态。对于怀孕带来的身体上的变化和不适，你都能够承受吗？为什么你和你的伴侣选择在此时孕育一个新生命？你会以什么样的态度来面对这件事？对于怀孕这件事，你足够放松和坦然吗？

2. 召开一次家庭会议

以"怀孕生子"为主题召开一次家庭会议，一家人一起探讨所有能够想到的问题。例如，夫妻二人的想法是否一致？你是否能从伴侣身上获得支持？你准备去哪家医院生产？分娩后，是回家坐月子还是去月子中心？谁会在你坐月子期间照顾你的身体？这些问题不用立刻回答，但是一定要仔细考虑。

3. 适当的工作节奏

怀孕不可避免地会影响你的工作，如果不想顾此失彼，你需要事先考虑好以下问题。你现在的工作是什么状态？是处于职业的上升期，还是平台期？怀孕会在哪些方面、何种程度上影响你的工作？你会为此而感到遗憾吗？怀孕之后，你是否希望继续保持现在的工作节奏？工作会让你觉得有压力吗？你要如何平衡怀孕和工作呢？

4. 育儿培养

你希望你的孩子成为一个什么样的人？你是否已经对他有了很多的预期？你想象中的那个孩子，通常是一个已经具备完整人格和生活自理能力的人，然而，新出生的婴儿只能一天到晚躺在婴儿床上，需要你喂奶、换尿布、拍嗝……你只有经历了这些琐碎的照顾新生儿的日常，他才能如你所愿地成长。

【冥想练习】

梳理思绪：你做好怀孕的准备了吗

🎧扫码收听

你好，欢迎来到今天的冥想环节。

对每一个家庭来说，宝宝的到来意味着这个家庭将要发生翻天覆地的变化。如何处理好宝宝到来后的夫妻关系、工作节奏，以及如何适应家庭生活方式的改变，是每位准妈妈都要面对的问题。这一节的冥想练习，我将带领各位准妈妈进行思绪的梳理，帮助准妈妈们从容处理好宝宝到来时的各种变化。

小生命的诞生会给每个家庭带来前所未有的变化，例如，使夫妻的二人生活格局变为三人生活格局，要将生活的一部分留出来给这个小生命。宝宝不仅要占据父母的生活空间，还要占据夫妻各自在对方心中的空间。这种生活方式的变化和心理空间的变化是潜移默化的，在宝宝刚诞生时是难以察觉的，直到后期才会突然显现，给你带来困扰。因此，这些变化一开始往往会被年轻的夫妇所忽视，从而导致宝宝已经来到生活中，各位准爸爸、准妈妈却难以适应。

如果你想要提早预防这种情况的发生，克服这种困难，使自己的思绪更加清楚，那么接下来我们就来梳理一下这些问题。

在向自己提问之前，我们先来做几组深呼吸。深深地吸气，缓缓地呼气，从呼吸中，感受自己慢慢放松。

首先，屏蔽外界的一切干扰，找一个安静的角落，可以是无人的房间，也可以是任何让你感觉舒适的地方。拿出一张纸，在上面写上"夫妻关系的改变"，然后停笔，在脑海中想一下，当宝宝出生后夫妻关系会发生怎样的变化，以及自己如何改善；再空一格，写上"生活方式的变化"，再停笔，想想自己有了宝宝后，生活节奏和方式会有什么样的改变，以及该如何应对。现在，放下纸和笔，给自己一点时间。无论如何，让我们把刚刚的想法、念头先放一旁，开始深呼吸，用鼻子吸气，用嘴巴呼气，缓慢而深长地深呼吸。当你感受每一次呼吸时，让大脑安静地休息，让身体放松。

现在，用同样的注意力去留意你此刻的感受，将精神集中在脑海中，将这几个问题好好地在脑中作答，认真地想一想，你可以应对这样的变化吗？你真的可以在宝宝出生后做

孕期
冥想心理课

到轻松应对吗？

　　无论答案是"是"还是"否"，你都勇敢地迈出了明智应对的第一步，无论现在你的情绪如何，都没必要评判或改变它们，就以一种开放和友爱的注意力接纳你所感知到的一切。

　　宝宝是上天给我们的恩赐，他带给我们的改变只是对即将成为父母的一个"小考验"，用放松、开放的心态来迎接他吧，他也在天上期待着爸爸妈妈呢！

　　今天的冥想就到这里。

第2周
科学备孕，让一切顺其自然

当你决定要生一个宝宝时，同时也决定了你将开启新的人生阶段。无论从哪个层面来看，这都不是一件容易的事。这就像在工作中开启了新的项目，你需要统筹兼顾，全力以赴。而一旦开始了，你就像搭乘了一趟不能回头的列车，不论搭载的是幸福还是痛苦，都必须交织着一路向前。

我和我的老公墩总同龄，都是 1989 年出生的，到 2020年，我们都已过了而立之年，并且已经奢侈地享受了 5 年的二人世界。在这一年，给家里添口人成了我们共同的默契。而当我们只是无意中提起过这件事，还没开始系统地当作项目来准备时，好"孕气"就迫不及待地来了。

这是我没有想到的。曾经，我是一个非常不自信的人，这种不自信主要是对自己身体的不自信。我总是害怕自己生病，总觉得自己不太健康，以至于连生个孩子，都曾自认为是"奢望"。一想到要备孕，压力立刻冲向头顶。

眼看着身边的同龄人都纷纷升级为人父母，我一边羡慕，一边又开始怀疑，我连自己都照顾不好，能照顾好孩子吗？我可以做孩子的榜样吗？我足够有资格做一个妈妈吗？再加上身边的一些朋友在孕期出现了生化妊娠、大月份流产等情况，更增加了我心中对"生育"的恐惧。

然而，生活就这样以它的方式在我面前展开。"成为母亲"这件事，在没有接受过任何培训的情况下，已经成为事实。

能不能怀，试了才知道

女性对于备孕这件事情的压力，大部分源于想得太多。

"我有多囊卵巢，我一定怀不上吧？"

"我有腺肌症，我怀孕的概率不大吧？"

……

总是在假设各种不好的情况，恨不得把医院里的孕检套餐全部做遍才能安心，这样未免有些小题大做。

其实，备孕只需要做好下面 3 件事就足够了。

- 做必要的孕前检查，确保生殖系统的健康。
- 保持健康的生活方式，戒掉抽烟、喝酒等不良生活习惯，坚持锻炼身体，减掉多余的体重……这就为提供优质的精子和卵子创造了条件。
- 保证营养摄入，女性适当补充叶酸。

做到这 3 点，你就已经具备良好的备孕基础了，其他的暂时先不用考虑。放松心情，监测排卵期，择时安排同房，到这里，你基本上已经成功一半了！

如果备孕的时间已经超过一年，你仍然没有怀孕，那么我建议你到专科医院进行生育评估的检查。不过，你也不要太担心，在现代医疗技术的帮助下，大多数人都是能够如愿抱得"子女"归的。

【冥想练习】

放松情绪：科学备孕，顺其自然

🎧 扫码收听

你好，欢迎来到今天的冥想环节。

对于每一位备孕的女性来说，在备孕期间，都会对未知产生一些紧张和焦虑的情绪。冥想练习可以帮助你放松情绪，使你的心情变得轻松，缓解心中的紧张感与焦虑感。

在决定进行备孕计划时，每位妈妈不仅要准备好迎接身体上的巨大变化，心理上也会因为一个新的生命的诞生而彷徨、紧张。每位妈妈在这个生命诞生之前，都没有做妈妈的经验，大家都是第一次做妈妈。我们能做的就是调整自身的身体和情绪，不要让负面情绪影响自己，要把宝宝的到来看作一件顺其自然的事。因此，在打算备孕时，你要把心态放平和。有时候，暂时放下其实是为了更好地获得。

如果此时你被焦虑、烦躁的负面情绪左右，被未知的恐惧充斥，那么接下来请你跟上我，按照我说的方法进行情绪上的调整。

请你找一个没有人打扰、没有任何声音干扰的空间，坐着或躺着，慢慢地闭上眼睛。接着，吸气，感觉空气缓缓进入我们的胸膛。此时，记得让腹部向上隆起，好像气体进入了腹部，然后缓缓地吐出堆积在我们身体内的废气。你可以轻轻地把手放在肚子上，去辅助感受。

然后，尝试让自己集中思想，在心里默默地想一想这几个问题：你已经做好迎接新生命的准备了吗？为了迎接新生命，你做了哪些准备呢？此时，你的身体做好准备了吗？你的心理能够承担孕育新生命的责任吗？一想到备孕这件事，你最先想到的是什么呢？最先感受到的是什么样的心情呢？你是开心、期待、沮丧还是被束缚的？

想想这几个问题，然后默默地在心中给自己一个答案，无论这个答案是肯定的还是否定的，都没有关系，不用过度去解读。

如果答案是肯定的，那你一定已经做好了充分的准备，你的心情是笃定、喜悦的。如果答案是否定的，也没有关系，你可以观察心中的想法，观察自己对于"备孕"这件事所做的准备。你还需要准备什么呢？你认为什么才是最重要的呢？你要达到什么样的标准，才会觉得自己准备好了呢？

孕期
冥想心理课

怀孕固然重要，但确保当下的心理状况更加重要。你可以通过心理暗示、转移注意等方式让你的心情放轻松。在备孕期，只要你科学地进行备孕，调节好自己的身心状态，消除因怀孕带来的负面情绪，"好孕气"自然会来到你的身边。

今天的冥想就到这里。

第 3 周

消化幸福，做好身份转变

得知怀孕的那一天，因为例假没有像往常一样如约而至，傍晚，我便和先生随口说了一句："要不验个孕吧。"就这样，莽撞地，又不能阻挡地，验孕棒多出了一道杠。我和先生面面相觑，略带惊讶又欣喜地反复验了第二次，第三次……而当我们还没来得及去消化这个爆炸性的信息时，先生接到通知，隔天就要去西安出差了。

这真的是意外。

我该如何消化这个信息呢？需要马上挂个产科的号吗？孩子真的来了吗？我可以顺利地把他生下来吗？如果不能，我该多难过啊……还有，工作怎么办？作为焦虑型选手，此刻我脑海中正上演着独幕剧，无数个疑问盘旋在脑中，自问自答起来。

第二天一早，我推掉了所有的工作，到医院做进一步的确认。医生看着化验单上超高的HCG[1]值和超声结果，抬头看了我一眼，说："现在确认是宫内孕，不过还没有看到胎心胎芽……"至于后面又说了什么，我已经记不清了，只记得从那一刻起，我便开始时刻担心着肚子里的这个小生命了。

我相信，此时你的感受也和我一样。

情绪平复之后，我打开日记本，写下这段亲密旅程的开始。

亲爱的宝贝，非常惊喜你能来到我的身边。你来得正是时候，在我最爱的秋天，在疲于为理想奔命又感到迷茫的30岁的关口，在新学的舞蹈《十年》都没有跳

---

[1] 人绒毛膜促性腺激素（Human chorionic gonadotropin）

第一章 启程
——你需要这些准备

完的时候。你是生命的礼物，是六年感情的馈赠，是生命轮回的触角，是这个秋天里最美的遇见。亲爱的宝贝，谢谢你的到来。我接受这个美丽的意外，我期待着你的到来。

▌怀孕，意味着什么

当一个女人的身体里孕育着一个新生命，无论是否出现妊娠反应，你都能预见到自己的生活将会随之发生变化。但是，你应该如何正确地消化这个幸福的事实，适应自己身份的转变呢？这就要看怀孕对于你来说意味着什么。

意味着工作停滞？意味着失去自由？意味着自己突然不再是个孩子？又或者，意味着一个可以充分休息的理由，一个可以让生活暂停的机会，或是人生的崭新开始。其实，怀孕究竟是负累还是期待，都在你的一念之间，你可以诚实地面对自己的想法，然后坦然地期待新生活的到来。

如果你在短时间内无法厘清头绪，那么就从谨慎服药开始，检查你的化妆品成分，不去人流拥挤的公共场所，并且记得按时补充叶酸。

怀孕，对于每个女人、每个家庭都有不同的意义。无论是计划中的怀孕，还是意外怀孕，都不是一个人的事情。或许，你需要和伴侣一起开个家庭会议，讨论一下有了孩子之后的生活分工，以及你会在哪些方面得到伴侣的支持。在怀孕生子这件事上，准爸爸同样扮演着重要的角色。然而，与女性的敏感不同，男性在得知妻子怀孕的消息时，情绪反应通常是滞后的，并且他们通常很会隐藏自己的情绪。因此，我建议你敞开心扉，直接向伴侣袒露内心的担忧，并且提出你的需求。

【冥想练习】

消化幸福：做好身份转变

🎧扫码收听

你好，欢迎来到今天的冥想环节。

当你得知自己怀孕的喜讯时，你免不了会沉浸在这份喜悦之中。这是人之常情。但开心之余，更重要的是让自己适应身份转变为母亲的现实，接受自己又多了一个身份属性——妈妈。然而，谁都不是天生的妈妈，无法立刻进入母亲的角色是正常的，你千万不要因此而有负罪感。只要慢慢建立和宝宝的情感联结，天然的母性会自然而然地让你成为"母亲"，并且认同这个角色。

现在，我们就来做一个和宝宝建立情感联结的练习。首先，请你躺在床上，将手放在肚子上，深呼吸，把你的注意力放在你的呼吸上。跟随你的呼吸，你感到一个美丽、温暖的子宫在你的腹部。你悄悄地进入子宫，你身上散发着爱的光芒。你看到了在羊水里的宝宝，他慢慢地把目光注视到你的身上，露出了开心的笑容。你来到他的身旁和他说话，温柔地告诉他,你很爱他,爸爸也很爱他,你很感谢他选择你成为他的妈妈。你用充满爱的双臂拥抱着你的宝宝,亲吻他的每一处肌肤。请你记住这样的感觉,把这样的感觉带到你的身上,你感觉到他和你共同的呼吸和心跳了吗?现在,再深吸一口气,慢慢地睁开眼睛,缓缓地伸展你的身体。

今天的冥想就到这里。

第 4 周
怀孕是生活的重启键

　　得知自己怀孕的时候，我正被每天繁忙的工作搞得焦头烂额。在那段时间里，我在压力之下时常感到既无助又迷茫，生活失去方向。然而在确认了怀孕这件事后，那些日夜萦绕在我心头的烦心事，居然渐渐地显得微不足道了。每天下班后，墩总都会陪我在小区里散步、聊天，仿佛一切岁月静好。

　　曾几何时，我觉得怀孕生子是一件很麻烦的事，它会让我的事业停摆，让我的身体短时间内不再听从自己的召唤。

大学毕业后，因为担心自己起步晚，怕赶不上同伴的脚步，我就像一辆飞奔的列车时刻驰骋向前，完全忽略了周围的事物，更别提停下车欣赏窗外的风景了。

在这个焦虑的时代，我的焦虑好像总比别人多一些，我的时间好像也比常规的时间跑得更快一点。我生怕自己一旦停下来，便没有勇气再继续向前，也怕突然闯入的"第三者"会打乱我原本的生活节奏。

现在，宝宝的到来好像让我找到了喘息的机会，终于有一个充足的理由让我能在繁忙的工作和生活中驻足，回头看看当下的自己。孕育一个生命的过程就像是万物冬藏，等待来年春的萌芽。我这样跟自己说："无论多么急迫，这十个月也要一天接着一天地过。"

放慢节奏，重启生活，这是我认为怀孕带给我的最大的馈赠。

▍怀孕给你带来了哪些变化

对每个女性而言，怀孕都意味着需要面对和此前大不相同的未来。你会经历一些好的变化，例如：

- 以全新的视角去看待身边原本熟悉的一切，体会到很多以前从未有过的感受，并且你清楚地知道，如果没有怀孕，你或许一辈子都不会有这种奇妙的感受；
- 婚姻关系更加和谐而牢固；
- 即将为人父母的我们，跟自己父母的关系更加亲密。

当然，你也会遇到一些不好的变化，例如：

- 体重增加，身材和外貌都因为怀孕而发生变化；
- 对未来的生活安排和职业发展产生焦虑，进而引发对金钱的焦虑。

事情总有两面性，对于怀孕生产的不适大多都是暂时的。这是一段奇妙的人生旅程，你可以试着看到事情积极的一面，当然，你也必须直面消极的一面。当你终于可以静下心来看看身边的爱人，停下手头的工作听一首美妙的音乐、看一看天空的飞鸟时，你不妨问问自己："你多久没有这样做了？"

怀孕并不是负累，而是生活的重启键，让你重新审视自己的生活，调整节奏，重新出发。

【冥想练习】

睡前感恩：怀孕是生活的重启键

你好，欢迎来到今天的冥想环节。

怀孕，是突如其来的人生重启键，它将带给你新的可能性，不论你是否已经准备好，你都可以心安理得地享受它。

此刻，对于即将到来的孩子，你对他有什么样的想象呢？你希望他是男孩还是女孩？长得像谁？你希望他长大以后做什么样的工作？当预产期越来越近时，你只希望他是个健康的孩子，能够平安地长大。

孩子是父母最好的礼物，也是彼此生命的联结。父母会无条件地爱他们的孩子，他们不必成为什么，也不是因为他们做了什么，父母就是爱他们本来的样子。

现在，让我们怀着感恩的情绪在心里复述：

"爸爸妈妈的宝贝，欢迎你来到这个家。你是一个可爱的宝贝。我们很高兴成为你的父母，很高兴你是一个女孩 / 男孩。愿你安全并受到保护，愿你我身心健康。你不需要成为什么我们才爱你，我们就是爱你本来的样子。无论如何，我们就是爱全部的你。这个家因为拥有你而更加完整和美好，爸爸妈妈因为拥有你而更加进步。宝贝，感谢有你！"

　　如果可以，在心里不断地重复这些话，说给宝宝听。留意你在重复以上话语时，脑海中升起的任何情绪和想法。如果在你的脑海中能浮现出画面，那可能是小婴儿的样子，也可能是你对未来生活的美好愿景和想象。你内心的慈爱正慢慢地发散出来，这会让你感到平静、愉悦。轻轻地把手放在腹部，肚子里的宝宝也同样会受到你情绪的感染，变得平静、愉悦。如果你不小心走神了，没有关系，慢慢地把注意力拉回来。再次重复你对宝宝、对家庭的所有祝福，体会自己是多么希望这个小生命可以平安、健康、幸福、自在。他也会经历所有成长赋予的快乐和痛苦，但是他拥有你所有的爱和祝福，这可以帮助你和宝宝在觉得艰难的时刻抵御恐惧、烦躁、无助等负面情绪，让自己保持温和、平静的心态。

　　现在，你正被一颗慈爱的心拥抱着，这拥抱是那么纯净，那么美好。怀着这美好的慈爱之心进入梦乡吧，让我们结束今天的冥想。

孕期
冥想心理课

认同

———

怀孕初期情绪管理

第5周

转移注意力，缓解早孕反应

  进入孕期第5周，我的身体没有发生任何变化。日常工作的节奏依旧紧凑，周末两天到郊区休整。当时，只有一个小小的细节让我觉得有些疑惑：我为什么总是起夜？是不是肾功能出问题了？然而，这个想法在头脑中只是一闪而过，很快便被每天繁忙的工作冲散了。除此之外，唯一能露出马脚的，大概就是每一次都风卷残云般吃光妈妈拌的腌黄瓜，感慨怎么能这么好吃。

在电视剧里，怀孕的女人有时会突然想吃某种食物。回想我的整个孕期，我的口味几乎没有发生太大的变化，也并没有被恶心、呕吐折磨。我只是时常感觉沦陷在一种高激素的漩涡里，通俗地说就是——总觉得腻。为了抑制这种感觉，我会经常吃一些苏打饼干，或者往嘴里塞一个橘子。翻开我的手提袋，随身携带的有叶酸、水、酸梅子，以及几包苏打饼干。说来也奇怪，如果只是在家休息无所事事，我的早孕反应会更强烈一些；如果工作起来，那些早孕反应仿佛就减轻甚至消失了。这大概就是转移注意力的功效吧。

▌怎样度过孕早期

　　从怀孕的第 5 周开始，早孕反应会逐渐达到顶峰：困倦、尿频、恶心、呕吐……怀孕后，你会发现自己变得愈发警惕了，你可能会捕捉到一些轻微、不易被察觉的味道，你的嗅觉也变得更加敏感了。除此之外，你还会出现头晕、头疼、乳房胀痛等症状。

　　孕早期无疑是胎儿发育的关键时期，你需要远离一切不安全的环境，改变此前不健康的生活习惯。当然，如果可以的话，你不妨读几本孕期及产后护理的科普图书，以待来日之需。

如果你的早孕反应非常严重，你可以尝试以下办法来缓解：

- 🌢 吃一点苏打饼干；
- 🌢 喝一些苏打水；
- 🌢 不添加任何其他的烹饪方法，只吃食物原本的味道；
- 🌢 放慢速度，一点一点地吃；
- 🌢 小口喝柠檬水。

此外，在孕早期，你需要密切观察 HCG、黄体酮和雌二醇的数值。如果在此期间，你出现了不规则的疼痛和出血，需要立刻去医院寻求专业诊断。如果你的早孕反应严重，导致无法坚持正常到岗上班，那么就给自己放个假吧。在家里，你可以做点儿自己感兴趣的事情，比如听音乐、画画，尽量不要让自己完全"赋闲"在家。通过做这些有兴趣的事来转移你对自身的注意力，能够让你的"孕期"过得轻松一些。

当然，也有一些孕妇非常不幸，整个孕期都没有停止呕吐，这对母亲身心都是巨大的挑战。有些孕妇甚至会因为孕期的妊娠反应严重，进而迁怒于刚出生的宝宝。对于这部分孕妇来说，最重要的就是要调整认知、接纳当下。你要记得，每一次孕期反应来临，都意味着宝宝离你更近了一步。所有身体上的不适都会过去，这艰难的每一刻，都不代表永恒。

【冥想练习】

应对不适：转移注意力，缓解负面情绪

🎧 扫码收听

你好，欢迎来到今天的冥想环节。

怀孕的妇女享受着即将当妈妈的快乐，但孕期不适也给准妈妈平添了许多烦恼，严重的甚至会影响正常生活，导致一系列负面情绪的产生。今天的冥想练习，我们就以克服孕期的种种不适为主题，帮助准妈妈健康、顺心地度过孕期。

对于所有准妈妈来说，怀胎十月，意味着一个新生命诞生的幸福时期，同样也意味着将要面临十个月的身体与心理上的双重磨难与考验。在这期间，我们的身体会发生腹痛、孕吐、尿频等不良反应。不必恐慌，这都是正常现象。这些都是每个女人要成为母亲所必须经历的。我们虽然不能从根本上消除这些疼痛与不良反应，但可以通过一些方法来减轻这些不良反应对我们的影响。接下来，请你跟随我，我将带你进行消除孕期负面情绪的模拟训练。

首先，请你找一个不受外界打扰的空间，你可以坐着或躺着。先深深地吸气，再缓缓地呼气。吸气，呼气。然后，诚实地面对自己身体上的不适，缓缓地闭上眼睛，在脑海中思考一个问题：孕早期的你是否出现了一些孕期不适？例如，腰部酸痛、腹痛、孕吐，等等。请你在脑海中以第三人称的视角想象自己在孕期出现这些不适时的情景，并且保持专注和冷静，保持对这些不适的观察，就这样静静地看着它们从远处来到自己身上，然后再缓缓地目送它们从自己身上远去。不要急躁，不要挣扎，保持深呼吸，以平静的心情静静地观察它们。然后，当你彻底看不到它们时，再缓缓睁开你的眼睛。此刻，我相信你会发觉自己的不适感有所减轻。

当孕期反应来临的时候，这些不良反应无法用药物遏制，但你可以采用转移注意力的方式，做一些让你感到放松的事情，如听一段舒缓的音乐，看一段有趣的影片，吃一片苏打饼干或一颗西梅，试着忘记恶心、头晕与疼痛。然后，你可以好好地睡一觉，享受这片刻的安宁与轻松。

今天的冥想就到这里。

孕期
冥想心理课

第 6 周
缓解产检前的复杂情绪

　　验孕棒检出阳性结果的第二天，我怀着忐忑的心情挂了妇产科的专家号，去医院检查。医生告诉我，第一次产检要确认胎囊是否在宫内，看一看孕周大小。通过阴道B超，我看到了"宝宝"在我身体里最初的样子。在B超的显示下，胎囊的形态就像一个小花生，就是这个闪光的"小花生"即将变成一个小生命。我至今保留着第一张B超的影像，B超单上写着：子宫前位，宫体增大，宫内可见胎囊，诊断为早孕。是的，再次确认，我是真的怀孕了。

当我把 B 超结果发给墩总时，正在深圳出差的他激动地跳了起来。但是，我很快就陷入了另一个担心的旋涡。我反复询问医生胎心、胎芽什么时候出现，并在心里默默祈祷，最终能有一个让我放心的结果。

从小到大，我都害怕去医院做检查。怀孕之后，每个月都要去做产检。每次产检前，我的心情都是既期待又害怕。期待的是，我能从 B 超里看到小宝宝一点一点在长大；害怕的是，出现任何可能会影响胚胎发育的小问题。墩总一直宽慰我："别担心，自然选择可牛了，比任何程序都牛！"

在确认怀孕后，最重要的事就是找到一家适合自己生产的医院完成建档。我的选项其实并不多，我希望医院的位置不要离家太远，基础设施不能太差，最重要的是医疗水平必须有保障，能进行无痛分娩，可以陪产，医院门口可以快速停车……要求确实是有点儿高。经过再三权衡，我和墩总一致决定：去私立医院建档。

在身体无恙的前提下，我作为一名焦虑型选手，希望尽可能地减少排队挂号、排队检查这些由产检本身产生的焦虑，但这仅是我个人认为最适合自己的选择。如果孕妇年龄超过

35 岁且伴有其他孕期综合征，那么我建议还是要去公立综合性三甲医院就诊。

▍ 重要的第一次产检

怀孕的女性通常需要在怀孕 6 周左右，也就是从最后一次月经首日开始计算，在第 42 天左右到医院进行第一次产检。第一次产检的主要目的是：了解母体的基础健康状态，判断准妈妈是否存在此前没被发现的疾病；了解胎儿的发育状况是否良好；核对孕周是否准确。

在第一次产检时，准妈妈需要进行全面的身体检查，包括身高、体重、血压等。在这次产检中，医生会通过 B 超了解孕囊的位置和质量，还会教你推算出胎儿的预产期。

产检的次数会随着孕周的增大而逐渐频繁起来。起初是每月一次，28 周后改为两周一次，36 周后便是每周一次。此外，12 周的 NT[1] 检查、20 周的大排畸检查、24 周的血糖检

---

[1] 颈项透明层（Nuchal Translucency）

查，以及到生产前的各项评估，这些都是非常重要的，各位准妈妈千万不要缺席。产检在监测母体的同时，也会监测胎儿的生长发育，这样才能提前发现小问题，避免大问题。

孕期
冥想心理课

【冥想练习】
孕期保障：缓解产检前的复杂情绪

扫码收听

你好，欢迎来到今天的冥想环节。

当你发现自己怀孕后，你要做的第一件事就是找到一家适合你的医院建档、定期产检，让你和宝宝的健康有所保障。你可以在此前做好功课、调整状态，为接下来的顺利分娩做好准备。

在整个孕期，你可能会经历大小十几次产检。你可能会有些紧张，担心宝宝的发育情况和自己的身体健康。这个练习通过对自我的提问和回答，可以帮助孕妇面对产检前的复杂情绪，以及对身体的担心和恐惧，化解不必要的负面情绪，让大脑得到休息，为睡眠做准备。

首先，请你找到一个舒适的地方。你可以采用自己认为舒适的姿势躺在床上，慢慢地闭上眼睛，放松自己的头部、背部、腹部及四肢，让自己的身体尽量松弛，再松弛。

接下来，我们将会做一个关于产检恐惧和担忧的提问。

第二章 认同
——怀孕初期情绪管理

对于提出的问题，请你坦然面对脑海里出现的答案，尽可能感知你出现的任何感觉、想法和情绪。如果你的提问或想到的答案让你产生不适，你可以选择随时暂停这个练习。

如果你已经做好准备，请深呼吸一次，再深呼吸一次，最后深呼吸一次。心里开始问自己第一个问题：当第一次知道自己怀孕时，你是什么样的心情呢？回想一下当时的情景，在心里默默地用合适的词句描述，当然，也可以直接说出来。当你想到即将来临的产检，心里最大的恐惧或忧虑是什么？这一切的恐惧和忧虑是否是由自己主观的判断得出的呢？你要清楚地认识到，这些恐惧和忧虑是非常正常的，消除它的方法正是这件事本身。问题不会因为逃避和恐惧得到解决，只有准备好面对所有未知，相信一切都会得到解决，它对你的影响才会越来越小。

接下来，让我们想一些积极的问题。你对听到宝宝的心跳有没有期待呢？想象一下，当你躺在床上，通过产检仪器听到来自小生命的心脏的有力跳动，咚咚，咚咚，你会感到幸福吗？请你体会这种感觉，并在心里描述出来。当你想到未来第一次见到宝宝时，你会有什么样的想法或期待呢？你觉得通过做产检了解自己和宝宝的身体状况，是否可以获得

孕期
冥想心理课

更多肯定的信息，能让你减少忧虑呢？

　　在整个问答过程中，请保持呼吸，平和而安静地归纳和表达自己的情绪。不要压抑你的负面情绪，你只需要将它们准确地表达出来，然后想想为什么会出现这些想法。在整个过程中，体会你面对恐惧的感受，也想一想你觉察到幸福后的感受。你可以直面那些对于未知的恐惧，而面对幸福，你可以体会到更多支持。此刻，你头脑中还保持着觉察，内心柔软而温和，你可以带着这样的心情，放松、没有负担地入睡。

　　今天的冥想就到这里。

第7周
像没有怀孕一样正常生活

　　我的一个朋友昊姐孕期反应十分严重，怀孕不到两个月，就不得不请假回家安胎，这让每天通勤两个小时去工作的我很是羡慕。虽说我没有什么特别不舒服的地方，没有出现比较明显的早孕反应，但这反而让我非常担心，因为早孕反应的消失也代表宝宝有先兆流产的可能。当时，我恨不得买一台B超机，每天都自己测试一下。某天，墩总下班回家带回来一台胎心监测仪，在还感觉不到胎动的时刻，我通过胎心监测仪，每天都能听见胎儿的心跳声，这大大缓解了我在早孕期的焦虑。

身为过来人，我妈妈就要比我淡定多了。她说她怀着我的时候每天都照常上班，知道自己怀孕以后，再也没有因为工作的事情而烦心，因为和腹中的胎儿相比，其他烦恼都显得不那么重要了。女性一旦开始成为母亲，便意味着更多的责任和挑战，而这样的挑战，在怀孕时就已经开始了。

我经常在采访中遇到三甲医院"强悍"的专家，她们当中的很多人都是工作到临产前一刻直接上产床。当我们面对疼痛和不适的时候，会有超越平常限度的一种本能，一种无畏的勇气和意志支撑着自己，直到新生命诞生。

▍如何让你的孕期生活更加舒适

我的主治大夫告诉我，就像没有怀孕一样正常生活，不用过度紧张和焦虑，一切顺其自然。对于职场妈妈来说，工作依然是日常生活中很重要的一部分。孕期中适当地工作可以转移注意力，有效减轻孕期不适。下面，我就介绍几个能让准妈妈在职场工作中更加舒适的小妙招。

1. 买一个舒服的靠垫和脚凳

大多数办公椅的设计并不适合准妈妈，因为它会压迫大腿后面的血管，造成准妈妈腿部和双脚肿胀。你可以买一个舒服的靠垫，它可以帮助你支撑日渐酸痛的腰部，同时，再准备一个小凳子垫起双脚，这有助于让腿部的血液循环更加顺畅。

2. 经常站起来活动一下

久坐容易引起下身水肿和静脉曲张，因此，每工作半小时到一小时，你最好能站起身来活动活动。你可以去接一杯水，或做做孕妇保健操，或走到窗边呼吸一下新鲜空气，让你的身体保持一定的活力。

3. 注意不要憋尿

准妈妈通常会尿频。在工作中，你可以通过控制自己饮水时间的方式来应对这种状况。例如，在开始工作前尽量少喝水，在休息之前多喝一点儿，一有空闲就去排空膀胱，切

孕期
冥想心理课

记不要憋尿。

4. 每天午睡一会儿

如果条件允许，我建议准妈妈在每天午饭后小睡一会儿。午睡的时间控制在 30 ~ 50 分钟，睡觉时不要趴在办公桌上，尽量躺在能够后仰的椅子上，把腿部抬高。午睡能够帮助你缓解腰腹压力，也能让你有更好的精神应对下午的工作。

5. 工作餐别凑合

有些准妈妈因为工作太忙，中午经常来不及吃饭，或者只是简单地吃个泡面或三明治，应付了事。这样的行为对准妈妈来说非常不可取。无论工作多么忙碌，一定不要因此而忽略了吃饭这件事儿。你可以在每晚睡觉前提前想好第二天要吃的东西，早上出门时带好日常吃的坚果、牛奶、水果，等等。工作越忙，越要保证好好吃饭，这样妈妈和宝宝的健康才有保障。

6. 继续工作对胎儿不利时尽早停止

一旦工作环境或工作内容出现了对胎儿不利的因素，如办公环境装修、有害物质超标、噪音或辐射过大，或工作中长期接触有毒物质、经常加班、劳动强度大，准妈妈应尽快调换工种，或尽早停止工作。

【冥想练习】

舒缓紧张：像没有怀孕一样正常生活

扫码收听

你好，欢迎来到今天的冥想环节。

本次练习将带领你运用正念呼吸法来放松自己，消除不安与恐惧，让你试着平和地接纳因宝宝的到来而发生改变的生活。

首先，让我们来做一组深呼吸。想想看，你需要什么？用积极的语言去自我暗示，而不是消极的语言。你可以站在镜子前自我暗示，想想看，是什么让你紧张？当你跟自己说"我爱自己，我和宝宝会很健康"时，会同时有消极的想法出现吗？只有认识到这些消极的想法，你才能走向自由。你要相信，我们来到这个世界上是为了爱自己，而不是关心别人说什么、做什么，我们可以超越父母或朋友的局限。现在开始用新的思想代替旧的思想，用肯定代替否定。

请你找一个喜欢的角落，选择一个你舒服的姿势开始今天的冥想。你可以选择坐着或躺着。调整一下自己的呼吸，轻轻地吸气，缓缓地呼气。

在这个过程中，你可能会听到周围的一些声音，但是这不会影响你的放松。现在请你想象一下，当你吸气的时候，仿佛把生活中的紧张和疲劳统统聚集起来，而当你呼气的时候，所有的烦恼都随着呼气排出体外。

随着呼吸的调整，你已经越来越放松了。现在请你想象一下，你来到了一个洒满阳光的海滩，你躺在沙滩上，海浪一层一层拍打在沙滩上，温暖的阳光照在你的身上，你觉得自己越来越放松，越来越放松，甚至可以飘起来。

现在请你想象一下，阳光照在你的双脚上，双脚越来越温暖，变得越来越轻，越来越放松。想象阳光照在你的大腿和小腿上，你的大腿和小腿变得越来越轻，越来越温暖。想象温暖的阳光照在你的腰部和背部，还有你的胸和肩膀，请你放松腰部，放松背部，放松胸部和肩膀。你的整个身体变得越来越放松，越来越轻，感觉你的身体慢慢地往上飘，飘到半空中，飘到云朵上，周围的云朵包裹着你，你觉得自己很轻很轻，轻得没有重量。

请你仔细体验一下放松的感觉，告诉你自己，只要身体放松，精神也会放松了。现在，请你带着这种放松的感觉慢

孕期
冥想心理课

慢回到现实生活中。你会听到周围的一些声音，如果你愿意的话，可以慢慢活动你的双手和双脚，不要着急，当你感到舒服的时候，你可以慢慢睁开眼睛。

　　孕育新的生命是一件平凡而伟大的事情，你不必因为怀孕增加额外的不必要的压力。之前喜欢的食物，喜欢做的事情，在安全的情况下都可以保持原来的生活节奏，不用煞有其事地突然紧张起来。让改变自然而然，你便可以慢慢接受怀孕的事实，并且体会孕育生命的喜悦。

　　今天的冥想就到这里。

第8周

放慢行动的节奏

　　曾经被诊断为"广泛性焦虑"的我一度觉得怀孕生子对我来说是不能完成的任务。在得知自己怀孕后，虽然我的精神依然处于持续紧张当中，但身体却诚实地表现出它真实的实力。成功怀孕这件事儿，从某种程度上讲，让我对自己的身体有了前所未有的自信。我对着镜子，看着腹部中央颜色愈发深刻的那条竖线，不由得心生感慨——我竟然可以成功孕育一个新的生命。

也许很多人觉得，怀孕生产是女性天生的"功能"，就像吃饭、睡觉一样，是每一个女性都能轻易做到的事情，没什么值得担心和焦虑的。然而事实并非如此，不是所有女性的孕期都能一帆风顺，顺利怀孕，顺利生产的。

我有一个比我大 10 岁的姐姐，她怀孕时得了最为凶险的 HELLP 综合征。在孕期第 24 周，孩子被紧急剖腹取了出来，体重只有 1 000 克，出生后就被放入了保温箱，在里面待了 3 个月。虽然最终母子平安，孩子健康地长大了，但这个姐姐的肝上却留下了一个永久性结节。

这样的例子还有很多。怀孕生产中的每一分痛苦，都印刻在每一位妈妈有形或无形的伤口上，这便是成为母亲的代价。对于备孕中的女性，只有提前了解了自己在孕期中可能会经历什么，提前储备足够的认知，才能在遇到波折时做到心中有数，坦然处之。

适应变化，接纳变化

从确认怀孕到分娩的过程中，你可能会遇到很多挑战和问题。例如，孕早期的生化妊娠、葡萄胎、先兆流产，孕晚期的脐带绕颈、羊水过少、宫颈管缩短……幸运的话，你可以一路过关斩将，直到顺利生产。其实，在这漫长的40周孕期中，不论你遇到任何问题，都是正常的。你不必在心里建立一步到位的顺利预期，也不必透支焦虑，你只需要坦然地面对每一步遇到的问题，然后想办法去解决，这样更有利于稳定你的情绪。如果你所遇到的问题引起了你的焦虑和恐惧，那么请你按时去做产检，把一切问题交给你的主治医生，尽量避免因信息过载而给自身带来的压力。

上面提到的情况主要是身体上的问题。在怀孕期间，有可能对你的心态造成影响的还包括以下几个方面。

1. 工作

怀孕意味着10个月逐步受限的劳动能力和将近半年的带薪假期，这势必会打乱你正常的工作节奏。但即使在这种情况下，你也一定不要过度紧张于当前普遍高压的职场环境，竭尽所能做好工作交接，坦然接受这种天然的假期即可。不能到岗工作的时候，你可以看看书、听听课，利用这宝贵的时间进行一些自我提升。此外，你还可以向人事部门的同事咨询一下孕期和产后的待遇问题，如生育津贴的领取，必要时还可以寻求法律援助。

2. 生活日常

怀孕会影响你日常生活的方方面面，以往的饮食、运动、作息规律都要根据准妈妈和宝宝的具体情况进行相应的调整。孕早期的一些反应便是给你的最早的提示。但这些影响因人而异，有些人能够平稳度过，有些人则会遇到坐立不安的颠覆性变化。影响程度大小和宝宝健康与否并不直接相关，因此，你不必把对宝宝的担忧过度放大。

3. 情感变化

在工作和生活状态发生变化的同时，夫妻之间的关系可能也会受到相应的影响。尤其是在孕产期间，当家庭支出增加和准妈妈的收入减少同时发生时，夫妻关系很容易产生危机。这时，夫妻双方需要提前做好沟通，对未来可能发生的情况有所预期，让孕产期间临时的状况不会影响未来的夫妻感情，共同面对下一段人生。

4. 人生规划

既然你已经决定孕育一个新的生命，那么从现在开始至少 18 年内，你的很大一部分人生空间都将与即将到来的孩子共享，但这并不妨碍你做同事眼中的好员工，闺蜜眼中的好朋友，家属眼中的好伴侣，朋友圈中的好妈妈……孩子是你未来的一位好朋友，他的到来并不会打乱你的人生。

【冥想练习】

舒缓疲劳：放慢行动的节奏

🎧 扫码收听

你好，欢迎来到今天的冥想环节。

怀孕会给我们的身体增加很多额外的压力，在保持正常工作和生活的同时，记得，放慢你的节奏，谨防摔倒和碰撞。今天，让我们通过身体扫描的练习来放慢你的节奏，舒缓你的身心。

你最好是在晚上结束一天的工作或生活的时候，开始这次冥想。

首先，请你平躺下来，头与身体在一条直线上，打开双脚尖，打开双臂，掌心向上，腰背部完全贴着垫子。停止身体的一切活动，停止大脑的一切思想，集中意识关注身体，关注呼吸，在舒缓的呼吸中使身体逐渐地放松、慢慢地下沉……

试着像放电影一样，回想一下一天的工作或生活。早上几点起床？上午和下午都做了什么呢？晚上又做了什么呢？

这一天当中，让你印象最深的事情是什么呢？这一天中你有了什么样的收获呢？你希望明天怎样度过呢？

抛除脑中的杂念，跟随我来放松你的身体。我会念出你身体的每个部位的名称，你的意识跟随我来放松这个部位。

让我们从双脚开始：放松双脚的人脚趾，其余的脚趾，脚心脚背，十个脚趾在放松，双脚的脚踝在放松；放松小腿肚的肌肉，放松膝盖和膝盖背面的腘窝；放松大腿内侧的肌肉和外侧的肌肉；放松臀部、髋部，你的骨盆区域在放松；放松腹部、胃部、胸部，心脏在放松；放松双肩、双臂、双肘，双手的手腕在放松；你的手心、手背、十根手指正在放松；放松颈部、后脑勺、头皮，舒展额头、眉毛，打开你的眉心；放松眼皮、眼球、鼻子、脸颊、双唇，打开紧咬的牙齿，放松舌头、下颌、双耳……

试着将你的意识从身体转移到你的呼吸上，感受呼吸的深沉而缓慢，像潺潺的小溪不息不止……你可以保持自然地呼吸，也可以慢慢地练习腹式呼吸。在舒缓的呼吸中感受身体的放松，感受内心深处的宁静与祥和。你就这样放松着……放松着……不断地放松着……

再次将你的意识从呼吸关注回身体，感受身体的存在。

慢慢地活动活动脚趾、活动活动手指，将头左右摇动几下来放松颈部。伸展双臂至头的前方，并拢双腿，最大限度地舒展你的身体，让自己的肢体再一次放松。双手合十，搓热你的掌心，将温热的掌心放在肚脐下方的丹田处，温暖按揉这个部位，你能感受到身体中能量的聚集；再次搓热你的掌心，将温热的掌心扣在双眼上，温暖你的眼睛。在掌心内睁开双眼，十根手指滑向头部，梳理头发，按摩头皮，使自己逐渐清醒过来。双手大拇指放在太阳穴上，按揉太阳穴，放松大脑，舒缓你的神经。身体转向右侧卧，头枕在右臂上放松腰背部。左手的掌心触向垫子，用力慢慢支撑，让上身坐起来。拍打双腿、双臂、双肩，自上而下拍打腰背部，梳理身体。

现在，感知你的整个身体，放松，静止，就在此刻的体验中休息，允许所有感觉的存在。你可以相信，通过这样的练习，你的身心会变得越来越轻松，并且充满活力。

今天的冥想就到这里。

第三章

唤醒
———
积极调动自己

第9周
迎接生命的礼物

　　墩总的性格很温和，相处那么多年，我没怎么见过他发火，他"慢吞吞"的性格还经常被我吐槽缺少男子气概。在孕期，墩总带给我很多强有力的支持。每天早上，他都要冒着自己迟到的风险开车送我去上班，每天做得最多的事就是听我宣泄情绪。有一段时间，由于工作不顺利，我几乎每天都要哭上一场，他也只是安静地陪着我，没有任何抱怨。他一个人给卫生间铺上防滑垫，换掉了厨房的旧家具，得知我想拍孕期照片后买来了蓝色幕布和摄影灯，隔天就在家里搭好了摄影棚……对于我每天的情绪波动，他显得习以为常又无可奈何，但却默默地做好了他擅长的所有事情。

我从未怀疑过墩总会成为一个好爸爸。他会把他所拥有的智慧、幽默和对生活的乐观态度，以及比我强十倍的耐心都展现给我们的孩子；他会告诉孩子怎么看银河系，什么是菲涅尔放大镜的背后原理，也会教给孩子什么叫理想主义。但当我问他对于要当爸爸这件事的感受时，他如往常一样变得语塞。在此前30年的人生中，墩总有他独特的时间表，他自豪于他的动手能力、理科思维，并享受于做任何事情都要实现从0到1的突破。这些特性成就了他不甘于平凡的人生，却也因此影响了一些生活效率。他做任何事都要亲力亲为，曾经花了一个星期的时间自己搬家，也曾经在距离婚礼只有不到两个月的时候自己搭网站发请帖。他认为，凭借自己的智慧总能解决问题，即使花费再长的时间也无所谓。

然而，当他得知我怀孕后，虽然嘴上没说什么，但他的时间表却悄无声息地发生了变化。他开始更加直接地去解决问题，开始做更多的决定，不再是一个只会配合我指令的执行者。在即将面对下一代的时刻，墩总适度地收起了他的一些习惯，开始学着做一个讲求人生效率的"大人"。

当父亲成为父亲

从妻子确诊怀孕的那一刻开始，各位准爸爸们就可以提醒自己，要慢慢进入爸爸的角色了。回想一下，你是如何发现妻子怀孕的？得知妻子怀孕的那一刻，你有什么样的感觉呢？你是紧张的还是兴奋的，是惶恐的还是幸福的？

怀孕生子，是你和妻子此时共同的愿望和生活目标。在这个过程中，你需要比以往更加关心你的妻子，观察她口味的变化，留意她心情的变化，在每一个她需要的时刻安慰她，鼓励她，陪在她的身边。同样，你也需要在此时更多地关心你自己，戒掉吸烟、喝酒的不良习惯，锻炼出强健的身体，保护好妻子和即将到来的孩子。

你可以在脑海中想象一下孩子未来的样子。你想要一个什么样的孩子呢？你希望自己成为什么样的父亲呢？你希望以什么样的方式带领孩子去认识这个世界呢？

你可以试着和妻子恳谈一次，一起聊聊你们想成为怎样的父母，你能够给家庭带来什么样的支持，谈谈你自己发生了哪些变化。

父亲就是这样慢慢成了父亲，也成了更好的自己。

【冥想练习】

顺其自然：迎接生命的礼物

🎧扫码收听

你好，欢迎来到今天的冥想环节。

第 9 周是胚胎真正可从被称为胎儿的一周，你大概率可以通过腹部的 B 超看到他，看到胎心、胎芽。他正盘踞在你的身体里，汲取所有的营养，努力成长着。试着放下所有的担心和害怕，宝宝就像降落到你身体里的种子，他是那么信任你，所以才选择降落在你的身边，在以后的日子里，跟随你，信任你，然后伴随彼此的人生。随着每一周的成长，他逐渐与你更加亲密，他的存在会带给你力量和勇气。

现在，请你找一个安静、只属于你的空间。你可以坐着或躺着。全身放松下来，轻轻地吸气，缓缓地呼气。吸气，呼气。想象自己将所有的新鲜空气吸进身体里，呼出所有的废气。很好，让身体慢慢地放松下来。

接下来，请你想象自己跟随漂流的水，让心中所有的担心随着流水淡然远去，让身体承受的种种疲惫，在流水潺潺中放松下来。至于你的担忧和纠结，允许它存在，你可以和它轻轻地握个手，慢慢看着它远去。持续地觉察你的呼吸，感受呼吸的流动。

宝宝是生活的转折，是新生活的开始。你感受到宝宝静默地在温暖的小房子里，脐带连接着你和宝宝，你们是这般亲密无间。你似乎看到了毛绒的血管间，连接着的是你传输给宝宝的营养通道。你体会到，你的一举一动，肚子里的小生命与你感同身受。当你难过的时候，他会为你伤心；当你开心的时候，他也会快乐地成长。现在，你感觉好些了吗？

感受你们合体的每分每秒，这是一生中宝贵的体验。他会从你的身体中汲取营养。记住，你并不是一个人在努力，宝宝也在跟你一起努力。如果你愿意的话，可以轻轻地把手放在腹部感受宝宝的力量，安静地感受他正在成长。

你也可以在心里凝聚一股温柔的祝福，然后将祝福送给自己和宝宝。你可以默念："愿我健康快乐，愿我的宝宝健康快乐。"你也可以在心里对宝宝说其他想说的话。

很好，现在，轻轻地放下所有的感受。

练习的最后，让你的心灵随心所欲地活动一会儿。然后，再来做一次深呼吸，深深地吸气，缓缓地呼气。动动手指和脚趾，慢慢地睁开眼睛。最后，环顾一下四周，感受一下内在和外在是否有什么变化。

今天的冥想就到这里。

第10周
保证充足的睡眠

怀孕第9周正好是国庆假期，我终于有时间将自己从工作中抽离出来，收拾收拾屋子，让自己回归平凡的生活。困倦伴随着整个假期，我躺在床上，享受着大熊猫一样的国宝级待遇，衣来伸手，饭来张口，偶尔做梦会梦到肚子里的宝宝在跟我打招呼。

保持充足的睡眠是孕期的重要功课。良好的休息能够让肚子里的宝宝发育得更好。我是一个"失眠焦虑"非常严重的人，大概是因为曾经有过连续一个星期睡不着觉的可怕经历，导致我一旦失眠就格外紧张，头脑中不断循环着"我为什么睡不着觉"的想法。

其实，遭遇睡眠障碍的人并不是少数。有的人必须听歌、听相声才能睡着；有的人一边睡不着一边"审判"自己："为什么别人都能睡着我却不行，我简直太没用了！"关于睡觉这件事儿，我们总是会过度解读。睡眠是人的本能，当你不再把注意力放在"我为什么睡不着"这件事上的时候，你大概就可以睡着了。

如何获得舒适睡眠

那么，如何在孕期保持良好的睡眠呢？结合此前在采访中获得的知识，以及我个人的经历，我总结了以下几点经验，希望能够帮到你。

1. 不要辗转反侧

如果你已经在床上躺了 20 分钟还是没有睡着，请你立刻起来去做点儿别的事来转移你的注意力，你可以打开一本书，或者写写日记，千万不要沉浸在"我为什么睡不着"的旋涡里。

2. 利用眼罩和香薰

香薰的味道沁人心脾，你可以选择一款孕妇可以使用的香薰，让这种安心的气味包裹你，再配上一个发热眼罩，帮助你放松眼睛和大脑，这样你就会更容易入睡。

3. 闭上眼睛也算休息

如果实在睡不着，那么你就闭上眼睛躺一会儿，不要胡思乱想，不要对自己有任何评价和审判，也不要觉得睡不着会影响明天的工作，闭目养神也算是休息。

4. 关掉电子设备

有时候，令你难以入睡的真正原因是你头脑中的思绪太多，总有无数个念头和想法在你的脑中盘旋，并且完全不受你的控制。此时，你需要关掉所有电子设备，切断多余的信息源，放空思绪后，你就能慢慢入睡了。

卧姿正念：保证充足的睡眠

你好，欢迎来到今天的冥想环节。

现在，请你找一个让你感到舒适、安全的地方，尽量不被打扰。请你采取侧卧的姿势，躺在床上，双肩微微放松，双手自然地放在身体两侧，安稳地躺下来。当你准备好了，请轻柔地闭上眼睛，开始这次的冥想。

现在，让我们花一点时间，试着让自己放松下来，让注意力温和地回到自己身上。先做三次绵长且温柔的深呼吸，用鼻子吸气，用嘴巴呼气。根据自己的节奏深呼吸，深深地吸气，缓缓地呼气。很好，继续按自己的节奏深呼吸一会儿。

现在，让我们将呼吸转换为自然的节奏，不需要控制它，只需要跟随着呼吸，单纯地体会呼吸的感觉。你可以温和地将注意力放在最能感受呼吸的地方，或许是鼻腔、喉咙、胸部、腹部等部位，选择一个部位去全身心地感受呼吸的感觉。

你不需要做别的事情，也不需要达到什么特别的状态，就只是单纯地感受呼吸。吸气的时候，清晰地感受自己正在吸气；呼气的时候，清晰地感受自己正在呼气。

如果发现自己走神了，就温柔地把注意力拉回来，不需要责怪自己，从下一次呼吸重新开始就好。如果一次又一次地走神，就一次又一次温和地把注意力拉回来。如果你愿意的话，也可以轻轻地将手放在腹部，感受腹部随着呼吸的起伏。为自己呼吸，也为宝宝呼吸。如果偶然间，你感受到宝宝在肚子里的活动，那么就让你的注意力停留在这些感觉和呼吸的感觉上，感受体内有一个小小的人儿在成长，感受此时此刻自己正在呼吸。

很好，现在轻轻地放下对呼吸的觉察，然后将注意力聚焦到自己的情绪上，留意自己对怀孕这件事的情绪和感受。对这件事情，你的内心有什么样的感受呢？让这些情绪和感受自然而然地从心里浮现出来。

接下来，让我们试着给这些情绪起一些名字。这些都是什么情绪呢？你可以在内心轻轻地叫出它们的名字。

然后，试着在身体上定位这些情绪。这些情绪出现在身体的什么地方？那里有什么样的感受呢？

让身体的感受自然而然地产生，但是如果没有感觉，也没关系，体会身体原本存在的感觉就好。如果在身体上感受到情绪的话，就想象着将呼吸带到那些部位。然后，与那些感受到情绪的部位一起呼吸。

这时，你会感觉到你的身体越来越轻，越来越轻。你慢慢地飘到云上，白云包裹着你，让你感觉到柔软和安全。你可以慢慢地进入梦乡。

今天的冥想就到这里。

第11周
做点让自己开心的事

　　得知自己怀孕时，我正在一个非常重要的项目里，工作节奏特别快。同组的同事已经在上海出差很久了，我却还没有把怀孕的消息公之于众。一方面，我担心工作强度太大会影响胎儿；另一方面，我又担心因为怀孕影响工作。最终，在被告知需要出差一周的当天，我跟领导说了怀孕的事情。领导只是说"好事儿，小心一点"，便再无他话。

　　怀孕第10周，我从北京南站出发，乘坐复兴号历经四个小时到达上海虹桥。一路上，我一个人过安检、拎行李、坐高铁……外表从容却难掩心中的紧张惶恐。我并不觉得自己是娇气脆弱的人，但此时的状态，就是随时都能哭出来。

激素，开始作祟了。

此后，我发现控制情绪越来越难，脾气也越来越暴躁，加上工作环境并不轻松，导致我陷入了抑郁状态。每天上班路上，一想到要上班，我就抗拒到恨不得浑身发抖，却又无法做出进一步的行动；每天回到家，我都会控制不住地大哭，却又担心因为情绪波动太大而影响胎儿。

所有的思绪，在我的头脑中冲撞着。我该如何处理我的工作呢？同事们会不会觉得我因为怀孕而推脱工作？我要怎么做才能获得领导的理解呢……最终，我坚持完成了我负责的全部工作，然而，我的状态已经完全不对了。如果当初有人能告诉我，在这个特殊时刻应该如何安排好工作和生活，如何和工作单位沟通怀孕的消息，我可能就不会如此狼狈了。

怀孕后，如何安排你的工作

1. 及时与领导和同事沟通、调整工作

有些职场准妈妈因为害怕被领导、同事质疑自己的工作态度和工作能力，又或者不希望自己被特殊对待，因而选择"隐孕"，不愿意和大家分享自己怀孕的消息。根据自身经验，我建议准妈妈们在得知怀孕后一定要第一时间与领导和同事沟通。这是因为怀孕的前三个月准妈妈的反应最大，宝宝也最不牢固，需要精心呵护，及时说明你的情况有助于领导和同事尽早与你产生统一的认知，并对你的工作内容和强度做出适当的调整。

2. 减少出差、停止应酬

怀孕初期，宝宝的状况并不稳定，理论上这个时期不建议出差。旅途的颠簸和疲劳，饮食的不科学和不规律，都容易增加意外流产的风险。

3. 尽早做好工作交接，以免引起不必要的工作断层

孕晚期的准妈妈需要提前了解产假审批程序和假期长度，并提前与领导和同事沟通好交接事项，在休产假前，将工作尽可能详尽地转给交接人，最好能留出半个月的时间让交接人熟悉工作流程，提前进入工作状态。这样即使出现早产等突发状况，你也可以轻松离开。

【冥想练习】
转移注意力：做点让自己开心的事

🎧扫码收听

你好，欢迎来到今天的冥想环节。

对于每一位准妈妈来说，孕期的疼痛不适，激素水平的波动，或多或少都会给自己带来压力，如果总是被身体的不适困扰，就会影响身体和情绪的健康。然而，此时又是一个不能轻易用药物缓解的特殊时期，这就需要我们寻求其他的方法来保持身心的愉悦，让那些焦虑、疼痛跟自我保持距离，不过度关注，也不负面强化。做点让自己开心的事情，转移自己的注意力。今天，就让我们一起通过调息的练习，放松你的节奏，舒缓你的身心。

首先，请你慢慢盘坐下来，头与你的上半身保持在一个舒服的状态。关注呼吸，放轻松，慢慢地打开手掌和双臂，掌心向上，放置于双腿之上，保持腰背部挺直，双肩自然下沉，轻轻地闭上眼睛，想象自己是刚刚学会呼吸的新生命。抛开所有的紧张、烦恼与不安，让我们的心变得平静、祥和，放松面部表情，舒展眉心，嘴角微微上翘，在心底展开一个大大的笑容。对自己微笑的时候，你在想些什么？试着想想，昨晚睡得好吗？最近的你是否感到开心呢？又有哪些事情是可以让你开心的呢？是听一首喜欢的歌，还是看一部想看的电影？接下来的一天里你要做些什么呢？要做哪些让你开心的事情呢？

现在，用鼻子慢慢地深呼吸，让新鲜的氧气通过鼻腔、喉部、下压横膈膜，感觉小腹慢慢向外扩张、隆起。呼气时，感觉体内所有的浊气、废气、二氧化碳全部排出体外。将注意力放在你的呼吸上，配合自己的频率进行 3 ~ 5 次腹式呼吸，让我们用心去体会这一呼一吸，吸有多长，呼就有多长。吸气时，感觉宇宙之间所有能量慢慢地进入体内的每一个角落，滋养我们身体的所有细胞。呼气时，感觉体内所有的毒素、不快乐的情绪，统统被排出体外。

现在，你的呼吸变得均匀、顺畅、自然。将注意力集聚到你的胸口，想象着你所有的担心和焦虑都化作一团乌云，随着呼吸慢慢飘到头顶的上空。再把注意力带回到你的呼吸上，不用理会头顶的那一团乌云，想象着你正在做你喜欢的事情，你喜欢的唱歌、跳舞，你热爱的绘画、涂鸦。进一步回想你做完这些事情后身体的感觉，回想你曾经获得的那些肯定，你是否觉得愉悦、放松？这些事情曾经带给你稳定的成就感和自信的感觉。孕期，并不意味着自我价值的贬值，而是新的里程的开启。请再一次记住这些感觉。

此时，你是否会发现，头顶上空的乌云渐渐散去了？或者，你干脆已经忘了它。你是否回想起自己闪光的一面？这就是真实的你。请你深深地拥抱自己，感谢自己。同时，你也可以跟肚子里的宝宝说："看，这就是你的妈妈。由我做你的妈妈，你也会很幸福哦！"

如果你觉得心情好些了，你可以慢慢地睁开眼睛。

今天的冥想就到这里。

第12周

他的第一张照片

怀孕第 12 周，我在墩总的陪同下来到医院做 NT 检查。通过悬挂在墙上的电视屏幕，我们第一次，也是唯一一次看到了胎儿的整体轮廓，他就像一条小鱼一样徜徉在羊水的包裹中，时不时踹踹小脚，很是活泼。墩总说，好像在这个瞬间，他才有了当爸爸的真实感。成功度过孕早期，胎儿进入稳步发展阶段，我悬着的心总算放下了一半。

从医院出来的路上，我给昊姐发信息询问她的情况。昊姐是大我 7 岁的师姐，经过备孕路上的些许波折，终于成功怀孕，而且时间上几乎和我同步。我们在同一家医院就诊，看同一位产科医生，甚至连剖腹产的大夫都是同一位。这样深刻的缘分，让我们在孕期的沟通更加频繁，尤其是每次产检后，我们都要互通一下信息。虽然已经度过了孕早期，昊姐的早孕反应依然很严重，几乎只能吃些小米粥、黄瓜和西红柿。而我这个"悍妇"体质几乎没有什么可称得上是症状的反应，最多是头有点晕，经常容易饿。

几天后，昊姐的 NT 结果也出来了，由于她的年龄超过了 35 岁，属于高龄产妇，因此还要再做羊水穿刺的检查，才能最终确认结果。

NT 检查的目的是什么

很多准妈妈在产检时会被告知怀孕 12 周左右要做一项叫作 NT 的检查。NT 究竟是什么？为什么要检查呢？我的主治大夫告诉我，NT 即颈项透明层（Nuchal Translucency），是指胎儿颈椎水平矢状切面皮肤至皮下软组织之间的最大厚度，我的理解就是胎儿脖子后面那个位置的厚度。早期妊娠胎儿颈后部皮下液体的增多和染色体异常相关，因此，NT 成了妊娠早期判断胎儿染色体异常的软指标。

由于 NT 检查有特殊的孕周要求，准妈妈需要提前预约好检查的时间。NT 检查对胎儿体位的要求非常高，如果检查时胎儿的位置不好，你需要先出去走走，吃点儿东西，待宝宝换个姿势后再来检查。

至于 NT 的检查结果，一般在 2.5mm 以内为正常，也有一些准妈妈的 NT 检查结果是 3mm，生出来的孩子也很健康。NT 指标"异常"的准妈妈们也不要太担心，先做好后续的遗传学检查，说不定只是虚惊一场。

孕期
冥想心理课

【冥想练习】

亲子联结：第一次 B 超

🎧 扫码收听

你好，欢迎来到今天的冥想环节。

从得知怀孕的第一天起，每一位母亲都会十分期待看到自己肚子里宝宝的样子。今天是怀孕的第 12 周，多数准妈妈都已经进行了孕期 NT 的检查，你可以通过 B 超清晰地看到在你腹中的胎儿。这是你整个孕期中唯一一次能在 B 超里看到他从头到脚的整体轮廓。看到小生命的瞬间，听到他小火车一样的心跳，你一定很激动吧？你终于能够深刻地感觉到自己真的即将成为妈妈了！

研究发现，在孕期每天练习瑜伽和冥想有助于改善宝宝出生时的体重，减少早产和整体并发症的情况，对宝宝的发育有很大好处。今天，让我们通过冥想练习，来回顾或者试想一下第一次通过 B 超看到胎儿的样子，注意放松你的节奏，调整一下紧张的心情。

首先，请你选择舒适的瑜伽垫子后平躺下来，让我们的头与身体保持在一条直线上，慢慢打开双脚尖，打开双臂，掌心向上，腰背部完全贴着垫子。微微地闭上眼睛，调整我们的呼吸。深吸一口气，让新鲜的氧气慢慢地进入我们的身体，再慢慢地吐出来，将所有的意识都集中在呼吸上，在舒缓的呼吸中使身体逐渐地放松、慢慢地下沉。

现在，想象从你的腹部慢慢地升起一片轻柔的云朵，把你的身体缓缓托起，慢慢向上。这云朵带了些微光，你的各个器官与骨骼都被照亮，并慢慢地照亮了你的全身。你的身体此刻变得越来越轻，越来越透明。你的腹部也被慢慢照亮，渐渐地，那个隐藏在你腹中的宝贝也慢慢浮现在你的眼前。

深呼吸，再一次深呼吸，把你的注意力放在你的呼吸上，跟随你的呼吸。你感觉到一份支持你的力量，你充满了生命力。现在，想象一个美丽温暖的子宫在你的腹中，你悄悄地进入了子宫，你的身上散发着爱的光芒。你看到了正躺在羊水中的宝宝。此刻，他正在做什么呢？他慢慢地把目光移到你的身上，露出了开心的笑容。现在，你来到他的身旁和他说话。你温柔地告诉他，你很爱他，爸爸也很爱他，你很感谢他选择你成为他的妈妈。你告诉他，现在一切正常，你希望他以头位的方式顺利出生。你用充满爱的双臂拥抱着你的

孕期
冥想心理课

宝宝，感受拥抱他的感觉，亲吻他的每一处肌肤。请你记住这样的感觉，把这样的感觉带在你的身上。现在，你可以再一次深呼吸。慢慢地睁开眼睛，伸展你的身体。

这时，你可以将双手放在肚子上，心情平和地想着宝宝，告诉他："我是妈妈，我很爱你，我接纳你的到来，非常开心你能选择我做你的妈妈。我会一直陪伴在你身边，用我坚实的怀抱拥抱你，爱护你。我会调整我的心情和思绪，我也希望你能感受到我对你的爱。亲爱的宝宝，你现在正在睡觉，或正在吃手。不管现在的你正在做些什么，妈妈都和你在一起。"

感受着你和宝宝共同呼吸的感觉，想象着他在你肚子里的样子，你可以慢慢地睁开眼睛，也可以沉沉睡去。

今天的冥想就到这里。

第 13 周
用想象唤醒身体

　　每晚睡前，我都会想象这样一副画面：我躺在沙滩上，身边有海浪拍打沙滩的声音，我仰望星空，感受自己和大自然的每一寸联结……每天，我都以这样的方式达到缓解失眠和焦虑、释放压力的目的。

　　和冥想结缘是在 2019 年，某心理服务平台上线了一个项目——全民冥想，我有幸参与了当时的录音工作。与同类产品相比，它对内容细节的打磨精益求精，我常常在深夜被催着录稿。在快节奏的当下，全民冥想是一个很好的推广理念，是缓解日常压力和焦虑的有效方式。我曾经录制过"敷面膜冥想""撸猫冥想""站立冥想"等稿件，后来，我也常被自己的声音哄着。在录制那个项目的过程中，我渐渐了解到，冥想存在于我们生活的每一处。如果还要往前追溯，大概就是我本科学习应用心理学专业期间的团体课程，老师带着全班同学做冥想，那时我们还称其为"放松练习"。

在我的整个孕期中，我一直坚持冥想稿件的撰写和录音工作，几乎每一天，我都会抽出时间做冥想练习，从中更深刻地感受自己，更清晰地调整此前认知上的偏差。是冥想，从焦虑的深渊中解救了我。

▎为什么冥想会让人感到愉悦

资料显示，美国俄勒冈大学尤金分校的唐逸远教授选取了40名中国籍大学生作为研究对象，他将这些学生分为两组，第一组每天坚持冥想20分钟，连续做5天，第二组每天只做放松训练。结果显示，第一组学生在注意力和整体情绪控制方面都有了明显改善，他们曾经存在的焦虑、情绪低落、愤怒和疲劳感都有了不同程度的下降。

当我们感到压力大、情绪失落的时候，不妨在家中试着进行冥想练习。这种冥想将意识训练和行为训练结合在一起，在冥想期间，你也许将注意力集中在自己的呼吸上并努力调节呼吸，也许采取某些身体姿势，使外部刺激减至最小，并产生特定的心理表象，或者你什么都不想。需要指出的是，冥想并没有多么神奇，它只是能够帮你更好地进入"定"的状态，从而达到真正的静。

如果你的冥想练习方法和认知正确的话，在练习一段时间后，你会体验到一种安心宁静的喜悦之感。简单来说，冥想就是让人专注于当下，摆脱思虑的牵绊。因此，如果你采用了正确的练习方法，走神和思维游离就会慢慢减少，你的精神状态会趋向于一种专注状态。这一切都在自然而然的情况下发生，不需要刻意地强制自己集中注意力，你只需要顺从于当下，带着敏锐地觉察和自己的意识在一起。

仰望星空：用想象唤醒你的身体

🎧扫码收听

你好，欢迎来到今天的冥想环节。

首先，请你找一个舒适的地方，准备今天的睡前冥想。在晴朗无云的夜晚，头顶的夜空就好像一块天鹅绒布。此刻，想象自己正静静地躺在海边的沙滩上，周围没有其他人，唯有夜空将你包裹，身体下是软绵绵的细沙，漫天的星星就像无数碎钻在闪烁，你感到心情舒畅，内心宽广。

微风带着一丝清爽的海洋气息轻轻拂过你的脸颊，你静静地聆听海浪拍打岸边的声音，一层一层的，飘来又远去。你眼前是一片浩瀚星空。星空广阔无际，抬头仰望，星空无比宽大的胸襟包容了数不清的星球，包容了宇宙的一切，也包容了每一个人。星空教会我们心胸宽广，有所包容，有所追求，有所担当。面对星空，你会想起很多浩瀚宇宙的传说，那么神秘，那么辽阔。你会想到世界之大，而自己的一切变得渺小，你的烦恼和忧愁也同样变得渺小了。更重要的是，你的身体里正孕育着一个小小的生命，这是宇宙和生命的联结。小生命会在你的身体里生根、孕育、出生、长大。这是当下你在经历的最重要且最宝贵的事情。

此刻，你感到一束星光照耀着你的头部、脸部、右臂和右手。它又回到你的右臂，从后面照向你的脖子，你的呼吸变得更加缓慢、深沉。这股星光又照进你的左肩，左肩感到很轻很轻；这股光芒又照进你的右肩，你的右肩也同样感到很轻很轻；星光照耀到你的胸部、腹部，你的整个身体变得很轻很轻，仿佛要飘到空中，你离这布满星空的夜越来越近，越来越近。你所有的思绪变得轻柔，你变得越来越放松，心跳变慢了，也更有力了。这股星光又照进你的右腿、右脚、左腿、左脚……你的整个身体都十分平静，你已经感觉不到周围的一切，周围好像没有任何东西，你安静地躺在海边，非常轻松，非常自在。

如果此时你有了困意，自然入睡就好。让我们带着祝福，放松地结束这次练习。

关怀
——
从容应对身体变化

第 14 周
稳定的孕中期

　　过了怀孕的前三个月，我终于可以松一口气了，不用再担心自己会不会流产。进入最舒服的孕中期阶段，我的肚子并没有太大的变化，妊娠反应慢慢消失了，胃口也随之好了起来。

　　我在家附近报名参加了一个孕期瑜伽班，在手机上下载了三个孕产知识的 APP，还加入了一个准妈妈群，群里都是和我一样即将在下一年五月生产的孕妇。周末在家的时候，我换掉了之前的紧身内衣，下单买了瑜伽球……在我还没有来得及完成"准妈妈"的自我认同时，生活的重心已经在逐步向孩子转变。

如果再给我一次机会，我想把孕中期的生活安排得更妥当、更充实一些，例如，去听一听医院的孕产课程，或为自己安排一次旅行，趁身体还灵活的时候出去走走。

▍孕中期，你可以做点儿什么

1. 孕期旅行

如果你想要在孕期去旅行，那么孕中期一定是最合适的时期。你可以选择一个风景宜人的景点，穿上宽松的衣服，在这个和宝宝亲密合体的阶段，在旅行沿途拍下几张孕照。这样做不但可以放松心情，还可以打发无聊的孕期时光。旅途中乘坐的交通工具应以舒适为前提，最好不要去太远的地方，避免舟车劳顿。

2. 恢复运动

最适合孕中期的运动项目是散步，它可以帮你锻炼出很强的耐力，让你在最终分娩时更加顺利。天气晴朗时，准妈妈可以在亲友的陪同下去空气清新的户外散步，每周 3 ~ 5 次，每次散步的时间和距离长短都以自己感觉不疲惫为宜。

此外，孕中期游泳可以增强你的心肺功能，而且水有很大的浮力，能够减轻膝关节的负荷，消除腿部肿胀，缓解静脉曲张，不容易对肌肉和关节造成损伤。

孕期瑜伽是专门为准妈妈设计的有氧运动，有利于准妈妈分娩和产后的恢复。瑜伽能缓解由于体重增加和重心变化引起的腰腿疼痛，还可以松弛腰部和骨盆的肌肉，为分娩时胎儿顺利通过产道做好准备。

3. 亲密关系

进入孕中期，早孕的不适感已经过去，胎儿也进入了相对稳定的阶段，孕早期的慌张在此刻也趋于平静。在激素的作用下，夫妻之间的依存感会更强，甚至会回到恋爱时的心理状态。我们可以借此机会增进感情，一起对接下来共同的身份转变做一些心理上的铺垫，重新谈一次恋爱，携手走向下一段人生。

【冥想练习】
放松心情：稳定的孕中期

🎧扫码收听

你好，欢迎来到今天的冥想环节。

三个月一过，准妈妈就进入了相对稳定的孕中期阶段，你的早孕反应在减轻或者已经消失了，你会感到你的体力和精力都在逐渐恢复，你好像又回到了没有怀孕的时候，身体感到舒服，食欲也在恢复。在没有那么难受的孕中期，最重要的事情就是保持好你的心情，不要透支焦虑，为最后的分娩储存身体和情绪的能量。

在今天的冥想练习中，我将引导准妈妈关注呼吸，放松紧张的情绪。

首先，请你选择一个舒适的地方，慢慢地平躺下来。接着，再慢慢地打开你的双腿与双脚，缓缓地打开双臂，掌心向上，将腰背部完全贴于垫子。慢慢地闭上双眼，集中你的意识，关注你的呼吸，感受肺部和腹部的力量。深深地吸气，缓缓地呼气。吸气，呼气。再来一次，吸气，呼气。

接着，继续关注你的肩膀微妙的起伏，感受你的肋骨温和地浮动，从你的头部开始，慢慢地放空一切。现在的你正处于一个充满无限可能性的宇宙中，你和这个奇妙的宇宙充分地连接着，试想一下，世间所有美好的事情仿佛都会一件一件地发生在你的生活中；慢慢放松你的颈部，放松双臂，感受宇宙曼妙；你的肩部也慢慢地得到放松，卸下了一天的劳累；感受柔软的腹部，隐藏温暖的由爱意包裹的能量；放松你的大腿，缓缓放开紧绷一天的小腿肌肉；慢慢地放松整个身心……

再试着将你的意识集中到你的呼吸上，感受呼吸的舒缓与沉稳，慢慢地吸气，缓缓地吐气，你可以继续保持自然呼吸。请在心里默默地告诉自己："我的内心非常强大，我关爱并善待自己，我可以坦诚而大方地给予自己一切的肯定，我对未来有美好的向往与期待，我对自己当下的一切都感到满足与感恩……"

现在，让我们把意识慢慢地收回来，双手在胸前合十，用力搓热，将温热的双手放于脸颊，轻轻地按摩双眼，让眼睛得到放松；再次将手在胸前搓热，放于腹部缓缓地按摩，放松腹部肌肉，滋养肠胃。现在，你可以保持平躺的状态，慢慢地睁开眼睛。

今天的冥想就到这里。

孕期
冥想心理课

第15周
舒缓妊娠纹焦虑

在电视剧《如懿传》中，皇上的宠妃因为怀孕后肚皮上出现了严重的妊娠纹而再也没有得到被皇上宠幸的机会。现实生活中虽然不至于有这么夸张的因果，但爱美之心人皆有之，准妈妈都希望自己的身体上不要长出妊娠纹。

在孕期，由于激素水平的升高，孕妇的身体会随之发生很多变化，其中最明显的就是脖子上逐渐加深的颈纹、脸上的黄斑，还有日渐增大的肚子上的妊娠纹。有些变化我们无力抵抗，这与遗传和环境相关。我们可以做的就是坚持护肤，哪怕是在孕期。

怀孕初期，我就把护肤品和化妆品都替换成了纯天然产品，并买了四瓶按摩油，还有像"面膜"一样可以完整地敷在肚子上的"肚膜"。每天洗完澡，是我一天中最放松的时刻。我认真地涂抹着按摩油，从腹部一直涂抹到大腿根。直到生产，我身上一条妊娠纹也没有长。

孕期的肌肤护理需要特别关注产品成分，最好选择纯天然的护肤产品，防止使用带有激素类药物的护肤产品。临产前两个月，我的皮肤突然严重过敏，但医生只给我开了"炉甘石洗剂"，门诊结束时还不忘嘱咐我："过俩月就生了，再忍忍就好了。"

孕期如何护肤

谈到护肤，很多女生都有发言权。首先，护肤最重要的一步就是做好脸部的清洁。怀孕之后，女性的皮肤容易出现干燥、出油的情况，此时更需要你着重做好脸部清洁。洗脸时，你可以使用成分比较温和的洗面奶，将脸上的油脂彻底清除干净，但要注意清洗时力度不要太大。

其次，孕期护肤还要注意保湿补水。怀孕期间，体内荷尔蒙激素水平的变化容易造成孕妇皮肤的干燥过敏，此时你需要适当地补水保湿，避免因皮肤缺水而引起脱皮、红疹、雀斑和瘢痕等肌肤问题。

最后是注意防晒。和怀孕前相比，怀孕后的女性皮肤会变得更加敏感，对外部刺激的抵抗力也会减弱。因此，外出时千万别忘了做好防晒，你可以带一把遮阳伞，或者涂抹孕妇专用的防晒霜。

怀孕并不代表要蓬头垢面地出门，在安全的前提下尽可能地为悦己者容，能够让准妈妈的心情变得更好，这也有助于肚子里胎儿的发育。

自我关怀：舒缓妊娠纹焦虑

🎧 扫码收听

你好，欢迎来到今天的冥想环节。

在整个孕期，除了对身材的焦虑，准妈妈们还会担心自己原本洁净的皮肤因为胎儿的成长而撑出妊娠纹。预防妊娠纹，成了准妈妈们的一项重要工作。相信，你已经准备好很多预防妊娠纹的精油，坚持每天在沐浴之后涂抹。必备的皮肤护理可以让你的腹部皮肤保持良好状态，但更重要的是在日常生活中保持良好的心态，接纳一切变化，拥抱完整的自己。

今天，我们要做的是有关自我接纳的冥想练习。研究发现，自我关怀正念训练能够有效帮助女性提高自我关怀程度，缓解身材焦虑，从而更好地帮助你接纳自己，爱自己的全部，心情舒畅地度过整个孕期。

现在，让我们开始吧。

请你找一个安全、不被打扰的地方，你可以坐着或躺着。

无论你是坐着还是躺着，记得让自己的身体保持舒适和放松，感觉一下你的身体作为一个整体坐着或躺着，感觉身体与椅子或垫子之间的接触。如果你是坐着的，那么请将双脚自然地平放在地面，双手自然地安放在腿上；如果你是躺着的，请把双臂自然地安放在身体两侧，不用碰触身体，双腿微微张开，慢慢地闭上眼睛。

首先，慢慢地让自己放松下来，我们来做一次深呼吸。深吸一口气，允许自己放松，将注意力集中在自己的呼吸上，缓缓地呼气，吸气，呼气。每一次呼吸都让自己越来越放松。

当全身各处的肌肉都慢慢地放松下来时，你的内心也开始变得越来越平静，越来越放松。随着你的放松，你身体各处的压力也越来越小，皮肤的压力随着你的放松也越来越小。再一次吸气，呼气。当你像现在这样放松时，你的身体变得很轻很轻。

现在，请你想象当你淋浴时，水在肌肤上的感觉；当你洗头发时，留意指尖和头皮的感觉。接着，将注意力放到自己腹部的肌肤上。想象你已经淋浴完毕，你的腹部被温柔地敷上了一层昂贵的精华，腹部的每一寸肌肤都在不停地呼吸，仿佛要把所有的精华都吸收进去，腹部的所有细胞都得到了

第四章 关怀
——从容应对身体变化

滋养，逐渐变得饱满。

如果你已经不小心出现了一两条妊娠纹，你可以想象那些精华在你的肌肤上像浪花一样慢慢地扩张，你的腹部开始变得光滑、细嫩。现在，你的双手可以轻轻地抚摸腹部，无论是否已经长出了妊娠纹，都请不要太担心，你可以轻轻地抚摸这些纹路，然后感受它的存在。面对这些纹路，坦然地接受它。坚持皮肤护理，保持身心放松。妊娠纹是宝宝留下的记号，在宝宝出生后，你可以告诉他："看，这是你来时的路。"

现在，请你做一次深呼吸，深深地吸气，缓缓地呼气。请你微笑着感谢你的身体，感谢你的肌肤，感谢身体所有的细胞，然后就这样休息一会儿。

今天的冥想就到这里。

第16周
和体重焦虑说再见

从怀孕的第四个月开始，体重就以肉眼可见的速度在增长。每一次产检，主治大夫都会跟我说："千万要控制体重，不能长得太多。"每一次我下定决心减肥，最终都会以"我天生就不瘦"为由，理所当然地让减重计划虎头蛇尾。侥幸的是，得益于常年保持运动，我的体重并没有失控，始终保持在一种"最美微胖"的状态。

在整个孕期中，我都很注重饮食管理，根据血糖指标控

第四章 关怀
——从容应对身体变化

制主食的摄入量，喝低脂高钙奶，戒掉含糖量高的水果……在尽量做到这些细节的基础上，我也会偶尔吃个冰激凌或吃顿火锅来犒劳一下自己。我身边不乏身材管理的高手，有的准妈妈在孕期只胖了8千克，生完立刻如女明星一样恢复曼妙身材。我深知自己做不到那样极致的自律，在怀孕四个月后，我的体重就以每个月2千克的速度增长，却在即将分娩时停了下来。后来想想，我在面对怀孕及生产后的身材走样时，其实是有一些心理准备的，但仍然无法坦然接受自己即将变胖的事实，心里多少有一点自暴自弃的想法，说到底，还是自己不能接纳自己。

孕期控制体重增长的重要性

孕期体重增长过多的危害不言而喻。你的主治大夫一定会跟你强调，孕期增重过多会增加妊娠糖尿病、妊娠高血压、巨大儿的风险。从长远来看，孕期过度肥胖会导致未来继发糖尿病及高血压的风险。如今早已不是那个一旦怀孕就要"进补"的时代了，在孕期保持正常饮食，严格控制孕期血糖，才是保障孕期母亲和胎儿状态良好的正确方式。

那么，我们该如何控制孕期体重呢？相信每一个准妈妈都有自己的方法，也都能够将孕期饮食的三法则倒背如流：一是控制主食的摄入量，尽量用粗粮代替细粮；二是少吃含糖量高的水果，如西瓜、杧果；三是多运动，散步、瑜伽都是孕期运动的良好选择。

当然，比自律更重要的是对自我的接纳。接纳因为怀孕而变得和以往不同的自己；接纳体重的增长，雀斑、颈纹的发生；接纳自己现在正处于怀孕的特殊时期，并相信这些变化都是暂时的，不必为此而嫌弃自己，也不必为了体重的增长而焦虑。如果这些改变是必然的，我们就应该学会更爱自己一些。

第四章 关怀
——从容应对身体变化

【冥想练习】
接纳自己：和体重焦虑说再见

🎧 扫码收听

你好，欢迎来到今天的冥想环节。

进入孕期的第 16 周，你的体重会慢慢地开始上涨，请你不要担心，只要从现在开始制订运动计划，注意饮食健康，你有很大的可能，可以做个只长胎不长肉的美丽孕妈。

今天的练习将引导你通过正念冥想，缓解因体重增加、下肢浮肿逐渐加重而引起的负面情绪。

现在，请你找一处安静的地方坐下或躺下，你可以轻轻地闭上眼睛，慢慢地让自己放松下来。深吸一口气，允许自己放松，将注意力集中在自己的呼吸上，深深地吸气，缓缓地呼气，每一次的呼吸都让自己感觉越来越放松。

接下来，请把注意力带到腹部，带到呼吸给腹部带来的感觉上。在吸气的时候，感受腹部微微地膨胀、扩张；在呼气的时候，感受腹部轻轻地放松、回落。吸气，呼气。跟随自然的节律，感觉腹部的起伏就好像海洋里的波浪，一波接着一波。将你的注意依然停留在呼吸的感觉上，你正在有意地帮助自己获得平衡和平静。

现在，让觉知从头部逐渐向下，慢慢地到你的下巴、脖子，感觉一下此刻的喉咙。喉咙里有什么样的感觉呢？你是否在此刻有吞咽的冲动，或者感觉喉咙有些干涩？此刻的颈部后方又有什么样的感觉呢？是否有紧绷或不适感？无论这种感觉带给你什么样的情绪体验，都要向它开放，让你的觉知一直停留在身体上。身体尽量放松，让这觉知的光束继续往下，到身体的躯干。无论你是否喜欢，你都不需要去强求，让觉知的光束从肩颈下方到胸部、腹部，到肩胛，再到整个背部。你感受到这觉知的光束包裹着整个躯干，从上往下，从内向外，从皮肤肌肉到骨骼脏器，感受这觉知的光束来到所有的关节，再到指尖。

接下来，让觉知的光束继续往下扫描到臀部，感受臀部与椅子或垫子之间的接触，用温柔的觉知去关照整个腹部、臀部和盆腔。让注意力继续往下，到双侧大腿，大腿外侧的髋骨，内侧的腹股沟，再沿着双膝而下，到小腿，到脚踝、双脚，感觉腿部和脚的感觉。你只需要去觉察任何一种感觉，如果它与你所期待的不同，也不需要强求或改变它。你只是向这种感觉开放，并与之共处。

现在，再用觉知的光束扫描你的整个身体，对它表达感谢：谢谢它，无论我吃进了什么东西，我的身体始终正常工作；谢谢它，让我可以掌控自己的体重，可以通过运动释放不必要的脂肪。现在，我不会再因为体重的波动出现任何负面的情绪了。

最后，让我们再做一次深呼吸。深深地吸气，缓缓地呼气。微笑着，感谢身体的所有细胞。我们就这样休息一会儿，呼吸着，去感受身体在自由地舞蹈，感觉身体在觉知中欢快地沐浴，我们的身体变得越来越轻，越来越轻。

今天的冥想就到这里。

第17周
便秘严重怎么办

　　进入孕中期，便秘的程度会随着孕周的增加而愈发严重，我经常在马桶上一坐就是20分钟。我试过很多种方法，都没有明显改善，而痔疮也在此时毫不留情地发作了。我不禁感慨，这才到孕中期，再往后可怎么办啊！

　　最终，我还是选择去医院咨询医生的专业意见，医生开给我两瓶开塞露。一般来说，不推荐孕妇使用这种小型灌肠器，确需使用的，一定要遵循医生的指导。昊姐在知道我的情况后寄给我几盒乳果糖，还有西梅汁，建议我像她一样每天吃火龙果和酸奶。终于，我的便秘情况有所好转。

如何应对孕期便秘和痔疮发作

孕期激素水平升高，胃部胃酸减少，肠道蠕动变慢，尤其是在孕中晚期，增大的子宫和胎儿压迫到盆腔静脉，因此，大部分准妈妈都会遭遇便秘的问题。另外，到孕中期后，准妈妈通常会额外补充钙剂、铁剂等，这些都容易造成便秘，甚至会引发痔疮。那么，准妈妈该如何应对这种情况呢？

1. 多吃蔬菜杂粮

孕期内，准妈妈要多吃蔬菜、水果、杂粮，以增加体内的纤维素，这有助于软化大便，保持大便畅通。

2. 保持适当运动

运动不足，肠道蠕动也会变慢，建议准妈妈不要一有空就平躺，在没有禁忌症的情况下，孕期内还是要保持适当的运动，如每天傍晚散步半小时。

3. 多喝水

准妈妈在孕期内要补充足够的水分，每日饮水量建议在
1.5 ~ 2升。

4. 手握灌肠器

如果改变生活方式还是没有办法缓解你的便秘，那么你
可以使用"手握灌肠器"，这种方式安全、简单且有效。

5. 痔疮发作

痔疮发作痛苦不堪，如果水肿严重，准妈妈可以用温盐
水进行坐浴缓解。

如果以上这些方法都试过了，便秘的情况还是没有改善，
建议你赶快去医院，在专业医生的指导下解决这个问题。

【冥想练习】

呵护自己：减轻便秘、胃胀的不适感

🎧扫码收听

你好，欢迎来到今天的冥想环节。

进入孕期的第 17 周，准妈妈难免会遇到的问题就是便秘。除了多喝水、动起来这样的增加肠胃蠕动的小妙招外，正念冥想也能有效缓解准妈妈的肢体不适，增强应对不适感的身心能力，从而帮助准妈妈减轻孕期便秘和胃胀痛苦，拥有好心情和好状态。接下来，我们将做一个呵护肠道的冥想练习，通过冥想缓解身体不适，舒缓负面情绪。

请你找一个安静、不被打扰的空间，请保持全身放松，舒适地坐着或躺着。现在，给自己一个微笑，然后慢慢地闭上眼睛，让自己休息一会儿。深深地吸气，缓缓地呼气。现在，将你的双手搓热，双手交叠，掌心相对，慢慢地放到肚脐上方，不要触碰肚脐，你可以保留一厘米左右的距离。接下来，感觉一下你的肚脐是否感受到了来自你手掌心的温度。现在，我们就开始温柔地按摩肚脐，以顺时针的方向在肚脐

孕期
冥想心理课

的中心点向外画圈。这个圈可以越来越大，越来越大，覆盖到你的整个下腹部。就这样，以最温柔和温暖的方式来按摩你的腹部，让你的肠道感到来自你手心的温暖，不要忘了保持呼吸的节奏。

现在，请你想象一下，你正躺在金色的麦田里，周边是无际的麦浪，随风摇曳，快下山的太阳将旁边的云彩都染成了金色，连同你的身体，都被夕阳照耀着，很温暖，很舒适……你感受着阳光的照耀、风儿的抚摸和麦穗的清香，你正稳稳地躺在大地母亲的怀抱中，这怀抱是如此的宽广与宁静。

现在，请你想象你的肠道被一股金黄色的能量包裹，接下来，你的呼气与吸气都将感受到肠道正在接收这种温暖的大地能量。深深地吸气，感觉你的肠道吸进了新鲜的空气，变得健康而充满活力；慢慢地吐气，将肠道积压的所有废气、身体的垃圾随着呼气全部排出体外。

现在，请对你的整个肠道表示感谢，告诉它们："我会注意我吃进去的东西，我会喝足够量的水，我可以通过规律的运动保持身体机能的良好运转……"现在，再把双手交叠，放在肚脐上方，让你的肚脐再次感受来自掌心的温度。这一次有什么不一样的感觉吗？让我们再做一次深呼吸，深深地吸气，缓缓地呼气。此刻，你可以慢慢地睁开眼睛。

今天的冥想就到这里。

第五章

同行
———

感受宝宝的伴随

第18周
奇妙的生命联结

　　晚上，我正躺在床上休息，双手轻放在肚子上，打算和肚子里的宝宝说说话。此时，我的腹部已经悄然隆起了，我双手环抱着它。突然，腹部像被谁拽了一下似的，就像有人从腹中敲了敲门，刚好碰到了我的手心。这是我第一次感受到胎动，这感觉太奇妙了！

　　当时，昊姐同样也是孕18周，前一天她还在念叨怎么还没有胎动，然而就在第二天去上班的路上，她坐在车里，便感觉到了腹中的动静。昊姐说："这胎动就像是被妈妈念叨出来的。"

每位准妈妈大概都记得第一次胎动时的感受，那美妙的感觉，是任何华丽的辞藻都难以形容的。胎动，就像只有宝宝和妈妈才知道的秘密，是母子间最直接的沟通暗号。胎动的次数直接反映腹中胎儿的情况，我的宝宝在午饭、晚饭后动得最剧烈，就像在我的肚子里翻跟头。

那么，胎动的时候，宝宝在肚子里都在做些什么呢？他可能在伸胳膊、踢腿、打嗝……当准妈妈吃饱了的时候，胎动尤其活跃，你可以明显看到肚皮正在"波动"。你可以通过拍照片或录视频的方式把胎动的过程记录下来，这是你每天和腹中胎儿的沟通，也是孕期最美好的纪念。

胎动是母子间奇妙的生命联结。感受到胎动的那一刻，准妈妈才真切地体会到自己的身体里涌动着一个新生命。你会觉得有一个人在时时刻刻陪伴着自己，你也会由内而外地升腾出一种力量。

还记得胎动的感觉吗

1. 胎动初期的感觉

在妊娠 18 ~ 20 周，你可能会第一次感觉到胎儿的运动。此时胎儿还很小，各位准妈妈反映，胎动的感觉就像肠胃在蠕动。随着孕周逐渐增加，胎动的感觉会越来越强烈，也越来越有规律。

2. 妊娠 20 ~ 24 周的胎动

在这一时期，胎儿运动的次数将逐渐增加，你会感到胎儿经常在你的肚子里拳打脚踢，动作短促而有力，并且越来越有规律。

3. 妊娠 24 ~ 28 周的胎动

你也许很早就能感觉到宝宝在你的肚子里打嗝，每次打嗝都要持续 20 ~ 30 分钟。此时，胎儿已经能听到外界的声音，并且能感受到妈妈的情绪波动。当准妈妈心情不好、着急或哭泣时，胎动会明显增多，就好像宝宝马上要从妈妈的肚子里跳出来一样，仿佛他也在担心着妈妈。

4. 妊娠 29 ~ 32 周的胎动

这一时期，你可以很清楚地感受到胎儿的运动从原来的"点"绵延到"线"，但运动范围会随着胎儿的长大而逐渐缩小。在妊娠约 32 周时，胎动将达到顶峰，胎动频率明显增加，胎动方式也变得多样化。

5. 妊娠 33 ~ 36 周的胎动

这一时期，胎儿可能已经入盆，准妈妈能感觉到强劲有力的胎动，有时可能还会感觉到肋骨有一些疼痛，甚至在某一天胎动正厉害的时候，隔着肚皮就能摸到宝宝的小脚丫。

6. 妊娠 36 ~ 40 周的胎动

这一时期，随着胎儿逐渐长大，胎动的频率会有所降低，在妊娠的最后两周，胎儿的生长速度也会略有下降。此时，准妈妈要按时做好胎心监测，耐心等待和宝宝见面的那一天。

孕期
冥想心理课

【冥想练习】

感受胎动：奇妙的生命联结

🎧 扫码收听

你好，欢迎来到今天的冥想环节。

这一周是孕期的第 18 周，初产妇基本会在第 18～20 周的时候，第一次清晰地感觉到胎动。胎动的美妙充盈着你的整个想象空间。有时候，胎儿像鱼儿一样轻轻游动；有时候，胎儿又像是在用小手小脚轻敲肚皮；还有时，胎动会是有韵律的跳动，那是宝宝在你的肚子里打嗝呢。

今天，让我们来做一个感受胎动的正念冥想。这个练习将引导你通过感受胎儿的运动，把自己带回到当下，感受当下的美好与恬淡，迎接舒畅的心情。

现在，请你找一个安静、不被打扰的空间，建议你平躺或朝左侧侧躺下来。首先，我们来做一个深呼吸。深深地吸气，缓缓地呼气，感受呼吸时腹部的感觉。现在，想象太阳暖暖地照在你的脸上、你的手上、你的身上，你的每一寸肌肤都享受着阳光的抚摸；想象不远处的小溪清澈见底，河水

123

第 **五** 章 同行
——感受宝宝的伴随

缓缓地从山上流淌下来，溅起晶莹的水花，像一个偶尔出来撒欢的孩子，调皮又兴奋，一阵风吹来，花香扑鼻，树叶作响，你感觉舒服极了。

在阳光的沐浴下，请你按照自己的节奏呼吸，不紧不慢，不慌不忙……呼吸带给你内心更多的安定，可以让你更加放松，更加享受……现在，请用你的手掌轻轻地抚摸肚子，慢慢地感受胎动，它有时像放大了的心跳，强烈地搏动了一下，又一下。它是那么的奇妙，让你感到惊讶、紧张，但更多的是幸福……仿佛你真切地感受到新生命在自己体内正在被孕育，真切地感受到自己和宝宝的亲密沟通。保持你的呼吸，请你想象自己正置身于美景之中，脚下踩着柔软的细砂，天很蓝，阳光很温暖，你可以听见海水拍打海岸的声音，听见海鸥的叫声，呼吸中带着很咸的盐味儿，你正沿着海滩散步。轻抚腹部时你在想，宝宝是不是也听见了海浪的声音呢？再一次深呼吸，把你的注意力放在你的呼吸上，跟随你的呼吸，感觉此时的胎动，这同样是一份支持你的力量。

你发现肚皮又动了一下，没有什么比这胎动更能提醒你，宝宝就在你的肚子里。宝宝现在正在做什么呢？将你的手轻轻地抚摸在肚子上，你有可能会感到同时有好几个方向鼓起

孕期
冥想心理课

来。他是在说些什么呢？他的动静这么大，是在伸懒腰吗？慢慢地保持深呼吸，跟随你的呼吸放松面部肌肉，舒展紧皱的眉头，嘴角微微上扬，静下心来感受肚子正在很有节律地跳动，想象宝宝此时在你肚子里的姿势。如果情况允许，让宝宝的运动把你召唤到当下的时刻，无论你在做什么，请把你全然的觉知带到宝宝在你身体中的感觉中去，细微地感受宝宝戳动、滚动、打嗝的韵律。

现在，慢慢地睁开眼睛，再做一次深呼吸。你可以环顾四周，感受一下内在和外在的变化，别忘了再跟肚子里的宝宝说一句："妈妈感受到你了，请你在肚子里健康长大吧，妈妈一直陪伴着你，期待和你见面的那一天。"

今天的冥想就到这里。

第19周
安然面对孕期的未知状况

　　每次产检前，我心里都不由自主地有一些紧张，从一开始的抽血、B超，到无创DNA……即使前一天晚上想通了，第二天早上起来又会被相同的问题困扰。后来，宝宝躲在我的肚子里迟迟不发动，令我焦急万分。产科医生跟我开玩笑说："宝宝比你淡定。"

　　孕期中，医院每隔几周就会让我填写"孕期心理健康问卷"，我的问卷得分一度高得吓人。那时，我并没有意识到，

"焦虑症"会再一次卷土重来。

作为准妈妈，我们时刻要照护着腹中的胎儿，他不能太小，也不能太大，不能出现任何结构畸形，也不能出现任何其他的意外……每一位准妈妈都像给自己出了一张苛刻的考卷，并且要求自己只能考满分。在这样的压力下，准妈妈或多或少都会出现焦虑情绪。

如何面对孕期的未知状况，如何安放这些因为怀孕而产生的担忧，是每个准妈妈都需要学会去面对和处理的问题。如果你也像我一样，对胎儿有这样那样的担心，那么我要提醒你，你要关注一下自己的精神状态了。

▎你担心的事情真的发生了吗

要想缓解紧张焦虑的心情，你首先要做的是接纳已经发生的事实。尝试着把你所有的担心写下来。

我担心胎动过多会导致脐带绕颈；我担心每天晚上躺在床上喘不了气，无法入睡；我担心控制不住血糖而影响胎儿；我担心因为怀孕分娩而影响工作……

你的担心看起来合情合理，但有时候却是完全没有必要的。在写下这些担心后，你可以在心里问自己下面两个问题。

问题一：你为什么会有这些担心？

问题二：你所担心的事情全部都成为事实了吗？

带着这两个问题剖析自己，你可能会收获不一样的答案。你的答案可能源于你对自己身体的不自信，或是对孩子到来后生活可能会失控而产生的恐惧，无论答案是什么，你都可以带着一颗好奇的心去探究焦虑背后的原因，也许这个原因只有你自己知道。

我相信，你所担心的事情，大部分都没有发生。只不过，这些担心会一直在你的脑海中盘旋、闪回，挥之不去。也许是因为你看到了一篇关于流产的文章，或者是因为你听说了其他孕妇在孕期的创伤经历……

然而，这些都不是你的经历。不要让这些负面信息充斥着你的思绪，你真正应该做的是正视现在所发生的一切。怀胎十月再生产，原本就不是一个容易的过程，你可以有一些担心，这是十分正常的，但不要过度。用墩总的话来说就是，透支焦虑的人生也太不值得了。

　　如果你真的那么倒霉，担心的事情全部发生了，那么你应该怎样去应对呢？是歇斯底里地抗拒，还是冷静地面对呢？如果此刻你还是无法控制自己心中的负面想法和担心，你可以试着做今天的冥想练习，或找正规的医疗机构求助。要知道，你所有的担心都只是暂时的，一年后，当你再次审视今天的担心时，它们是否就显得微不足道了呢？

缓解焦虑：安然面对孕期的未知状况

🎧 扫码收听

你好，欢迎来到今天的冥想环节。

首先，请你找一个舒适的地方，你可以采用左侧卧位躺在床上，慢慢地闭上眼睛。接下来，我们将会做一个关于恐惧和幸福的提问。对于提出的问题，请你坦然面对心里的答案，并觉察回答问题时你身体中的任何感觉、想法和情绪。如果提问或想到的答案让你不舒服，你可以随时停止这个练习。

如果你准备好了，请调整呼吸，并在心里问自己。

1. 当你感觉到恐惧时，你的身体是什么样的感觉呢？

请你在心里默默地回答，你也可以想好并且轻声说出来。

2. 当你想到未来的时候，你心里最大的恐惧是什么呢？

3. 如果你害怕的事情真的发生了，你会怎样应对呢？

坦然地面对自己内心的恐惧，并且正视它，它对你的影响就会越来越小，越来越小。

接下来，让我们开始对幸福的询问。

1. 当你感到幸福的时候，你的身体是什么样的感觉呢？请你体会这种感觉，并在心里或轻声描述出来。

2. 当你想到未来时，说出一个让你感到幸福的想法或期待。

3. 有什么样的方法可以让自己获得更多的支持，从而有更多的幸福时刻呢？

在整个询问过程中，请让自己尽量平静地回复，觉知你头脑中的想法，并保持呼吸。不要压抑你潜在的情绪，也不要陷入批判或分析的旋涡中。在整个过程中，留意你觉察到恐惧的感受，也留意你觉察到支持后的感受。你可以直面那些对于未知的恐惧，而面对幸福，你可以体会到更多的支持。此刻，你头脑中还保持着觉察，内心柔软而温和，你可以带着这样的心情，放松、没有负担地入睡。

今天的冥想就到这里。

第20周
回到你熟悉且擅长的岗位上

12月23日，冬至，孕20周。

如今的处境，像是安全的，又像是被抛弃的。

昨天去医院照了二维大排畸，宝宝已经发育得非常全面了，此时正盘踞在我的身体里。宝宝的表现非常好，闲适地在我的肚子里动来动去。我希望自己的身体能像挪亚方舟一样，无论外界有何风吹草动，或疾风骤雨，我都能保护我的宝宝在安全的环境下萌芽，不要受到周遭环境的影响。

我一遍遍跟自己说，最漫长的冬夜已经过去了，破晓会越来越近，坚持到最后就是胜利，我亲爱的自己。

这是我在孕期第 20 周写的日记。那时的我身体状态不错，但仍然有一些抑郁情绪。孕期不良情绪的积累，也导致了我在产后爆发了严重的焦虑躯体症状。怎样在孕期调整好心态，不受周围环境的影响，是我始终都没有做好的课题。如果能有再来一次的机会，我希望其他人的"评价"不再对我构成影响，希望自己能够从容地应对周遭的一切变化。

我常常想，如果能够争取到一个"宽容友好"的环境，我一定能坚持工作到生产之前，但事实并非如我所愿。幸好，在我受负面情绪影响最严重的时候，我收到了来自合作方的邀约，此前合作过很多次的工作伙伴邀请我开发一套针对孕妇群体痛点问题的孕期冥想课程。这个项目几乎把我从泥潭里救了出来，在整个创作过程中，我的那些负面情绪也慢慢地被治愈了，我仿佛得到了新生。

第五章 同行
——感受宝宝的伴随

▎从情绪怪圈中解救自己

在孕期，你可能会不自觉地陷入一些情绪"怪圈"，以前在你看来微不足道的问题会被突然放大。你可能会因为伴侣的一句话而勃然大怒，也可能会因为同事关门的声音稍微大了一点儿，而觉得"她是不是对我有意见"。

如果你身处的环境让你感到压抑和紧张，你一定不要陷进负面情绪的旋涡里，找个方式把自己解救出来，相信自己始终可以拯救自己。

当你感觉情绪失控的时候，你可以吃一点零食，去晒晒太阳，或者试着每天写日记……面对工作，你有很多选择，你有权利为自己争取一个放松的环境，也有权利选择把生活的重心放到其他美好的事物上。

对于别人的评价，你不要太敏感，不论是指着你的肚子评论是尖的还是圆的，或是指责你因为怀孕而迟到，你都不必太在意。

在孕期，你要更加相信自己，多吸收这个世界带给你的善意和正能量。如果条件允许，你可以在此时回到你熟悉且擅长的岗位上，你会发觉此时的你变得更加敏捷，也更加柔软。

【冥想练习】

继续工作：回到你熟悉且擅长的岗位上

扫码收听

你好，欢迎来到今天的冥想环节。

现在是孕期的第 20 周，胎儿已经进入一个非常稳定的状态，相信你的状态也在慢慢变好，食欲在恢复，精力、体力也在恢复。不要担心，你可以继续工作，适当地工作会让你的状态更好。如果没有什么严重的问题，此时，你的产科医生大概会建议你保持工作的状态。孕期坚持工作能使怀孕的女性保留原来的社交圈，众人态度的友善将对准妈妈保持乐观情绪十分有益。

现在，请你找一个安静、安全的空间，你可以坐着或躺着。我们开始今天的冥想。

首先，请你缓缓地闭上双眼，调整呼吸。深深地吸一口气，让这如甘露般的氧气，渐渐地滋养你的全身；呼气，呼出体内的废气。请记得在工作中保持正念，想象在单位里，当你向同事打招呼的时候，看着那个人的眼睛并且微笑。你会有一种什么样的感觉呢？觉察并记住你现在的感觉。如果你在伏案工作，请留意你坐在椅子上的感觉是怎样的。如果你的工作需要和其他人打交道，请感受所有对话与交流的感觉。

现在，把你的注意力调整到你的呼吸上。请你告诉自己：我无条件地接受和爱着关于我的一切，我是安全和完好的；我很热爱自己的工作岗位；我身处一个充满幸福快乐的宇宙中，我和这个奇妙的宇宙充分地联结着；我喜欢这世间所有美好的事物，我相信我的努力会对这个世界产生积极的影响；我的内心充满了温柔和爱，我带着我的宝宝一起安心工作；在夜晚，我能安稳地进入睡梦中，醒来时活力充沛；我相信美好的事情都会一件件发生在我的生活中；我关爱并善待我自己；我有才华和能力做好自己的工作；我确信努力生活会带来更美好的明天；我充分相信自己，并且这份自信与日俱增；我的意识和身体会不断地得到修复和滋养；我每天都会主动投入自己的兴趣和工作中；我认可并珍视自己存在的价值；我可以专注地聆听并遵循自己心里的声音；我相信用我的双手能给宝宝创造幸福的未来；我的生活将充满健康、和谐、活力、欢笑和希望。

孕期
冥想心理课

现在，请你想象一个舒适温馨的小房间在你的腹部，你悄悄地进入小房间，你看到了正在床上熟睡的宝宝。他正在做什么呢？听到有人来了，他慢慢地把目光注视到你的身上，露出了开心的笑容。你来到他的身旁，告诉他："我是妈妈。妈妈带你一起去工作，去做自己擅长的事情。我也希望你能感受到我对你的爱，无论在什么时候，我都会永远爱你。"

如果你此刻感觉到舒适，那就带着这样的感觉进入梦乡吧。明天醒来后，也带着这样的感觉，走上你热爱的工作岗位。

今天的冥想就到这里。

第21周

小憩一下，恢复精力

与赋闲在家相比，我还是更喜欢出门去工作。在孕期，每天适量地工作可以让生活更有规律，也可以转移你的注意力，帮你缓解怀孕带来的身体不适和内心的紧张、焦虑。就我而言，单位食堂丰盛的自助餐也是我想去上班的重要理由，每天10余种蔬菜让我和胎儿的营养摄入有了很好的保障。一般情况下，每天午饭后我会慢悠悠地走到图书馆，找一个舒服的座位，把双腿抬高，放在凳子上，进入午睡时间。整个孕晚期的通勤时光，我大抵都是这样过的，偶尔回想起来，竟然甚是怀念。

在孕期，午睡可以更有效地帮助我们恢复精力、缓解疲惫、养精蓄锐。吃过午饭，小憩一下，也会让胎儿发育得更好，偶尔我还能感觉到胎儿在打嗝呢。

如何正确进行午睡

如果你有条件进行每天固定时间的午睡，不要忘了注意以下几个细节，它们能让你的午睡时光既舒服又有质量。

1. 午睡的姿势

大多数准妈妈在怀孕后仍然会坚持工作。在办公室午睡时，你要注意不要经常趴在桌子上睡，因为长时间趴着睡觉会减少头部供血，还会压迫到眼球影响视神经，这可能会引发眼疾。尤其是在孕晚期，随着子宫的不断增大，准妈妈的肚子慢慢隆起，趴着睡会挤压到腹部，造成缺氧甚至胎动异常的情况。

2. 午睡的时间

午睡的时间并不是越长越好，保持在 30 分钟左右即可，既可以让大脑得到休息，还可以保证下午的工作效率。午睡不要超过 2 个小时，睡得太多会影响晚间的睡眠。

3. 午睡的温度

怀孕后，准妈妈有时会觉得燥热，日常衣服不会穿太多，午睡时可以适当添加衣服，或盖上一条毯子，谨防着凉感冒。

如果你觉得非常疲惫但又睡不着，就来试试我们今天的冥想练习吧。

孕期
冥想心理课

【冥想练习】
午间冥想：小憩一下，恢复精力

扫码收听

你好，欢迎来到今天的冥想环节。

这一周是孕期的第 21 周，你已经进入一个相对舒适又稳定的阶段。在孕中期，你可以按照自己的节奏安排健康的饮食和适度的锻炼。

午睡是恢复精力的有效方法。研究证明，每天午睡 10 分钟，既可以增强准妈妈的免疫力，也有利于宝宝的发育。午睡时间并不是越长越好，应以一小时以内为宜，这样既能有效消除疲劳，又不至于睡得过沉而不易醒来。

今天，我们就通过冥想和渐进式肌肉放松法在午间放松一下。

渐进式肌肉放松法是指一种逐渐的、有序的、使肌肉先紧张后放松的训练方法，通过细致地比较肌肉收缩前和放松后的差别，你可以发现并体验训练产生的那种放松感。在进行放松训练时，请你尽可能地跟随引导语，自上而下，有顺序地放松一部分肌肉之后再放松另外一部分。如果你准备好了，那么我们现在就开始今天的练习。

请你找一个舒适的、安全的环境，慢慢地平躺或向左侧侧躺下来。让我们先做一个绵长的深呼吸。深深地吸气，缓缓地呼气。告诉自己，暂时停下所有的思绪，现在要午睡了。

首先，将你的双脚脚趾慢慢向上用力弯曲，与此同时，两踝关节也随之用力、绷紧。现在放松，彻底放松，感受肌肉紧张又放松的感觉，感受放松时刻的呼吸。

然后，绷紧你的双腿，尽量使你的双脚后脚跟离开地面，保持紧张。现在放松，彻底放松，在肌肉紧张和放松的过程中保持觉察，感受身体紧绷和放松的感觉。

现在，请将你的双肩向上耸起，如果可以的话，尽量靠近头部，体会双肩的紧张感，保持这种紧张。现在放松，彻底放松，感受一下肩部的感觉，感受一下每一寸肌肤的舒展。

现在，将你的掌心向上，握紧拳头，使双手和双前臂肌肉紧张，感受拳头紧握时的感觉。现在放松，彻底放松。每次放松时，你都要注意体验肌肉松弛后的感觉。

现在，请将你的头用力下弯，尽量使下巴抵住胸部，保持 10 秒。现在放松，彻底放松，注意体验颈部紧绷和放松时的感觉。

最后，继续深呼吸，缓慢呼气，感受肩膀、躯干、四肢的肌肉放松，颈部和头部也同时得到放松。现在，你可以放心地安稳入睡了。午安。

今天的冥想就到这里。

第22周
记录新生日记

　　孕期书写对我来说格外重要。如果怀胎十月此生有且仅有这一次，那么即便每天的感受再细小，都值得被记录。写作带给我释放情绪的渠道，那些美好的、疼痛的、纠结的小事全都一一记录下来，当纸笔相触，就是属于当下的专注。

　　书写通常是在晚上。我会关掉家里所有的灯，只开一盏暖色的小台灯，然后打开日记本。夜深人静的时候也多是灵感迸发的时候。孕期发生的事情不少，从孕早期的出差，到我感觉到第一次胎动，再到后来妈妈做腰椎间盘的手术……当我焦虑得无以复加的时候，深夜的记录总能让我得到治愈。

书写的内容非常随意，所有的感受都可以付诸笔端。就像面对一个老朋友，你可以毫无保留地倾诉你所有的遭遇。每天遇到的人，发生的事，都可以记录下来。有时我也会着重于细节的书写，如胎儿打嗝时的感受；有时则直面内心的涌动，不去加以控制，直白地写出内心的痛苦和快乐。

如果你不知道该写些什么，可以先流水账式记录下每天发生的事情，再写下由此引发的感受，并以此为中心慢慢向周围扩散。下面的日记供你参考。

孕 23 周。

这两天从早上到下午一直特别困，不知道从什么时候开始，得失心变得如此之重。我所有的一言一行都被心情左右，心情好的时候，做所有事情都有耐心；心情不好的时候，只想在床上躺一天，哪儿都动不了。可人生终究不是平顺的，25 岁的时候你就写过，谁的人生能一直都保持高潮呢，经历人生的低谷是我们始终要面对的课题。这几个月的波澜，让我痛苦、被动，但我仍然在想，走到现在，是我搞砸了吗？墩总说，有这样的反思就是好的。我也曾问他，如果将这些用于处理我的喜怒哀乐的时间，都换做有价值的产出，我们会不会生活得更幸福一点？我想是会的。从 2015 年到现在，我停笔那么长时间，看似没有情感的堆积，却在不知不觉中将无法消化的情感全都转嫁于他，这是不公平的。所以，我还是付诸笔端吧。下周就是 24 周的产检了，此前的产检都很顺利，在我不够自律的情况下，宝宝倒显得淡定从容，一直在努力长大。亲爱的宝贝，我也会和你一起努力的。

当然，你也可以记录下你心里对未来宝宝的畅想。

孕 27 周。

马上就要 27 周了，农历新年也快要到了。我亲爱的小宝贝，我们已经合体了 100 多天，再过大约 90 天，我就要和你见面了。我幻想着你一定是个可爱的小姑娘，白白的皮肤，大大的眼睛。你还拥有像妈妈一样的声音，像爸爸一样聪明的头脑。有了珍贵的你，其他都不再重要。爸爸妈妈会更加努力，为了我们都能更好。我的小姑娘，爸爸妈妈爱你哟！

记录孕期日记，让我持续地感受到胎儿在我身体里生长发育的过程，我至今还记得胎动是怎样由"点"到"线"变化的，也记得第一次做 B 超时，和墩总紧紧握住的手，以及看向彼此的眼神。

想到的哪些都写下来

当我们得知一个小生命即将到来的那一刻起，所有人的期待都寄托在妈妈身上，妈妈成了舞台中央的那个人。

有的人发来问候，有的人发来叮嘱，除了"谢谢"和"好的"，你还想对谁说些什么呢？就趁现在都写下来吧。

给孩子：你可以记录这个小生命的到来带给你的每天的感受。产检的数据表格只能在有限的范围内判断你的状况，而那种切身的感受只有妈妈自己最清楚。第一次听到宝宝的心跳，第一次感受胎动，和爸爸一起给宝宝起名字，以及那些让妈妈吃苦的瞬间……这些都可以写下来。等到孩子长大后，再看看他的"前传"，一定是件很有趣的事情。

给伴侣：在怀孕生产这件事上，伴侣之间的责任和承担都是不对等的，丈夫的支持对于准妈妈来说是除了自我调节外最重要的一环。在此期间，伴侣之间的沟通非常重要。你可以将其中的一部分写下来拿给他看，不管是困惑还是抱怨，是感谢还是依赖。语言通常更亲切，但文字会带去更多的理性和空间。当然，这个日记你也可以和他一起写。相信我，你一定会从中发现很多跟聊天不一样的东西。

给长辈：除了伴侣和尚未出生的宝宝，与你最亲近的人当属爸妈和公婆了。从二三十年前期待我们的降生，到现在盼望孙辈的到来，对于他们那一辈人来说，社会生活有了翻天覆地的变化，物质的丰富和科技的发展都是他们曾经不敢想象的。上一辈关于育儿的一些"老理儿"似乎也应当与时俱进地扬弃，那些不好当面说的话，就写下来吧。

【冥想练习】

梳理心情：记录新生日记

🎧扫码收听

你好，欢迎来到今天的冥想环节。

这一周是孕期的第 22 周，最近的你感觉怎么样？很多准妈妈怀孕之后都会写新生日记，把每天的感受记录下来，作为一种和宝宝对话的方式，也给自己的孕期留下纪念。心理学家也强调过日记这种"自我的写作"对心理健康和情绪的稳定是有帮助的。写作是对生活的梳理，也是对自我的认知。可能你此前并没有尝试过如何记录，请你不用担心，记录本身就是记录的意义，哪怕是流水账式的记录也有安慰的力量。

今天，我们就来做一个正念写日记的冥想，现在就让我们来试一试。

请你找到一个安全、舒适的地方，准备一张纸和一支笔。首先，写上日期以及今天的孕周，然后慢慢地在头脑里放映最近这些日子的一些忧虑和快乐。轻轻地吸气，缓缓地呼气，从现在开始，把注意力关注在呼吸上，觉知此刻的自己。如果方便的话，请把我稍后提到的问题的答案写在纸上。如果你没有准备纸和笔，那么就在头脑中作答。当你准备好了，我们就来写下愉悦和不愉悦的事件日记。首先，让我们先写下愉悦的事件，关注你头脑中那些高兴、幸福、愉悦的感受。

1. 今天，宝宝的胎动是怎样的？胎动主要出现在你腹部的什么位置？

2. 你的身体有什么样的感觉呢？你可以感受或回忆身体拉伸或挤压的感觉。

3. 在这个经历中，伴随着怎样的想法或者图像呢？请说出或写出你的想法。

4. 在这个经历中，你的心境、情感和情绪是怎样的？你是高兴的吗？你感觉到惊讶还是欢乐？

5. 你在记录今天的日记的时候想到了什么？

现在，我们再来记录不愉悦的事件，关注你头脑中那些令你担忧、害怕、不愉悦的感觉。

1. 今天的胎动是怎样的？

2. 你的身体有什么样的感觉呢？

3. 在这个经历中，伴随着怎样的想法或者图像？请说出或写出你的想法。

孕期
冥想心理课

4. 在这个经历中，你的心境、情感和情绪是怎样的？你是害怕的、担忧的，还是焦虑的？

5. 你在记录今天的日记的时候想到了什么？

同样的问题，写下的却可以是两种不同的答案，仿佛把今天的思绪做了整理。现在，回想一下你的愉悦感受，再回想一下不愉悦的体验，你愿意怎样去认知和思考呢？感受一下它们的区别，然后慢慢地收起今天的日记。如果你感觉到舒服，那么你可以每天坚持这样的记录。

今天的冥想就到这里。

第23周
科学进食，营养补充不能少

　　妈妈告诉我，30年前，当她得知自己怀孕时，脑袋里只有一个想法：终于有一个机会可以放肆地吃东西了！妈妈怀我的时候非常瘦，医生千叮万嘱让她一定补充营养，多吃饭。但是在她那个年代，所谓的"补充营养"，不过是多吃几个鸡蛋罢了。

　　如今，在各种物质都足以充分供给的时候，医生跟孕妇们强调的问题也悄然发生了变化。每次产检，医生都会提醒我，孕期也是需要控制体重的。孕妇的体重增长过快，会增加患妊娠糖尿病、妊娠高血压等疾病的风险，同时也会增加产后恢复的难度。一般来说，每次产检医生都会检查孕妇的体重和血压，再对比前两周的数据，从而帮助你控制体重。

在这种情况下，孕期的科学饮食就显得尤为重要了。在食物的选择上，你可以用粗粮代替面包、米饭；用含糖量较低的柚子、橙子等水果代替西瓜、香蕉等含糖量较高的水果；尽量保持每一餐摄入的蔬菜种类的多样性……当然，在产检一切正常的情况下，偶尔放纵一下，吃点儿自己喜欢的食物，也是完全可以的，毕竟在孕期保持好心情也很重要。

孕期究竟不能吃什么

关于孕期不能吃什么的问题，我在孕 24 周产检时咨询了我的产科医生。孕妇在孕期真正不能吃的食物有以下这些。

1. 酒和含酒精的饮料

酒精会通过胎盘屏障传递给胎儿，造成胎儿酒精中毒综合征。孕早期饮酒可能会引起胎儿的大脑和身体发育异常，孕中期饮酒会增加流产概率，孕晚期饮酒会导致婴儿智力下降。因此，不管是米酒、啤酒、葡萄酒还是果酒，只要含有酒精成分，孕期内都不要喝。

2. 一切生食

怀孕前，你可能会吃生鱼片、生牛肉、生蚝、生蟹、生虾、生鸡蛋等可以生吃的食物，一旦怀孕，以上这些食物就不要再吃了。因为这些生食的食物中可能含有寄生虫、细菌，会通过胎盘传播给胎儿，造成非常严重的后果。

3. 重金属含量高的鱼类

处于食物链上层的体型较大的肉食性鱼类，如金枪鱼、剑鱼、旗鱼等，其体内含有大量污染物甲基汞，这种物质通过胎盘屏障，会伤害胎儿正在发育的大脑。如果你想通过食用深海鱼补充 DHA，最好选择沙丁鱼、鳕鱼和三文鱼。

4. 不卫生、变质的食物

这类食物不仅孕妇不能吃，普通人也是不能吃的。如未经巴氏消毒的牛奶，冰箱里存放的没有加热的食物，发生霉变的花生、甘薯，发芽的土豆，等等。

在孕期这个特殊时期，食物的安全、干净远比味道更重要，适当放弃"重口味"，相信你从清淡健康的饮食中也能获得味蕾的满足感。

正念饮食：科学进食，营养补充不能少

🎧扫码收听

你好，欢迎来到今天的冥想环节。

本周是孕期的第 23 周，由于胎儿已经进入一个快速发育的阶段，一般情况下，医生会建议你补充铁和钙，以保证每日自身和胎儿所需要的能量。除此之外，合理、科学的饮食习惯也是非常重要的，你要记得尽量保持饮食的丰富摄入，保持蛋白质、蔬菜的多样性。

今天，我们就一起来做一个正念饮食的训练。这个练习最好发生在你准备进食的时候，也许是一个苹果，也许是一顿晚饭，都可以，不用刻意地寻找一种什么状态，只需要带着一种探索和好奇的心态，和我一起体验和感受就好。

首先，请你感受一下你的胃，然后观察一下你今天要吃的食物。今天都可以吃到哪些食物呢？打开你所有的感官，就像是第一次看见这些食物一样。它们有着什么样的形状和颜色呢？它们闻起来是什么味道的？它们夹起来是什么感觉的？现在，你可以用餐具去触碰它们。

请你带着觉知和好奇，想象一下它们是如何成为餐桌上的一道可口美食的，它们都经历了怎样的过程呢？从土地里萌芽的蔬菜，从果树上掉下的果实，经过烹炒煎炸，或是洗干净就能直接咬下去。此刻，留意你的唇齿和口腔的感觉。

现在，夹起一口食物慢慢地放进嘴里，保持觉知，体会咀嚼带来的感受，体会食物从口腔到喉咙，再落到腹部的过程。感受食物进入你身体的过程，它化作营养物质，补充你的每日所需，这在孕期显得尤为重要。吃是人生的一大乐趣，在你咬下一口苹果或者品尝一个桃子时，又或是在你咀嚼今天的晚餐时，尝试着专注、深切地感受当下这一瞬间带给你的身心的愉悦感。

在我们的生活中，有很多这样纯粹而愉悦的时刻，就像品尝这一口食物一样，深切地感受它可能会给你带来的不同体验。想一想，你是否总是急匆匆地处理一件又一件的待办事情，而错过了孕期的快乐时刻？你是否总是沉浸于过去的遗憾，而忘了提醒自己全然地去体会这样纯粹和愉快的时光？

所以现在，请你从每一口餐食开始，尽量去体会当下的

第五章 同行
——感受宝宝的伴随

感受，去享受生活中大大小小的美好。最后，请你再一次拿起食物，在你所有感官的注视下，将食物放入口中，一边咀嚼，一边感恩。感谢所有食物馈赠的营养，让你可以健康地生活，让你的宝宝可以发育得很好。祝福你！让我们一起试试坚持正念饮食、正念生活的习惯。

今天的冥想就到这里。

孕期
冥想心理课

第24周
与疼痛共处

如果用一个词来概括整个孕期的感觉，那便是疼痛。从孕早期的头痛、坐骨神经痛、清晨醒来手指关节的酸痛，到孕晚期的耻骨联合疼痛、腰部酸痛、臀部酸痛、由缺钙引起的抽筋痛，再到最后的宫缩痛，作为孕妇的我们，体会了各种各样的痛。

每一个孕育生命的女性都是生活的强者。我们在疼痛中逐渐褪去了小女孩的娇气，不断释放的松弛素和逐渐加重的耻骨疼痛迫不及待地提醒我们，腹中的孩子在长大，他马上就要呱呱坠地了。

虽然我是一个对于疼痛不太敏感的人，但也有着对于疼痛本身的恐惧。在没有怀孕之前，我经常问身边有过生育经历的朋友，生孩子到底是一种什么样的感觉。有的人说疼的时候就使劲儿，使劲儿就不疼了；有的人说会疼到发抖；还有的人说疼得就像是要死了一样……我当时并不能完全理解她们的意思，直到我生产完的那一天。

作为经历过生产的女性，我不想过多赘述痛苦的生产过程，我只是认为，在医疗水平不断发展的今天，我们有必要正视孕产妇的疼痛管理这件事。每一位怀孕的女性，都有权利让自己的生产过程不再那么痛苦。

▌面对疼痛，我们能做什么

1. 按摩

随着腹部的逐渐隆起，孕妇常常会感到腰痛、背痛难忍。

这是由于腰部开始承受宝宝的重量而产生的一种正常反应。如果长时间保持同一种姿势，这种腰背痛还会加重。因此，孕妇要时常走动，或者在睡觉的时候将脚抬高，使背部肌肉得到放松，疼痛便会有所缓解。另外，准爸爸可以每晚帮助妻子按摩酸痛部位，力度不需要太大，一旦孕妇出现不适，立刻停止按摩。

2. 运动

疼痛的发生必然伴随着一些肌肉力量的下降，孕期和产后疼痛的高发也是由长期体态改变、部分肌肉过度牵拉、肌力下降所导致的。因此，在补钙的同时，孕妇也需要请专业的医生来评估弱势肌群，有针对性地加强锻炼，这样才能避免疼痛。

3. 无痛分娩

无痛分娩是指在产妇的分娩过程中使用一些办法进行镇痛，包括药物镇痛和非药物镇痛，它可以使分娩过程中产生的疼痛降低甚至消失。很多人担心无痛分娩会对胎儿和母体产生不良影响，损害母子健康，事实上，这种浓度非常低的局部麻药进入母亲的血液并通过胎盘影响到婴儿的概率微乎其微。

【冥想练习】

身心舒缓：与不适、疼痛共处

🎧 扫码收听

你好，欢迎来到今天的冥想环节。

你最近感觉怎么样？今天是怀孕的第几周了？在冥想过程中，首要的是照顾好自己的感受。在练习过程中，如果你感觉不舒服，可以随时停止，不需要强求必须完成练习。

如果你准备好了，那么请你找一个属于自己的安静的角落。如果你处在怀孕早期，你可以选择仰卧，双腿与胯同宽，双脚自然分开。如果你正处于孕中期或者孕晚期，请采取左侧卧位。你可以准备两个枕头，一个垫在肚子下面，另一个枕在头下。请将一只手放在胸前，另一只手放在腹部肚脐的上方。当你调整完毕并觉得舒适的时候，你可以轻轻地闭上眼睛。

现在，请将注意力集中到你的腹部，注意呼气和吸气时腹部起伏的感觉，承认腹中胎儿的存在。

在体验过程中，你的头脑中可能会有很多想法划过，没关系，每当你意识到思维飘走的时候，你都可以尝试将注意力重新放回身体的感受上。

接下来，请你把注意力带到头顶上方，想象你的觉知就好像是一道柔和的光，从头顶开始，慢慢向下移动，从头顶、到额头、眉毛、眼睛、太阳穴、耳朵、脸颊、鼻子、嘴巴、下巴，感觉整个面部以及头的后部，让整个头部都被这觉知的光温和地包裹着，体验一下有些什么感觉。你不需要去做任何事情，只是纯然地去体验已经存在的感觉，保持觉察。身体的感觉有很多种，冷、热、痒、麻、痛、干、湿，或者没有什么特别的感觉，这些都是身体感觉，承认它们的存在，不要尝试使用任何方法改变它们。

如果你感觉到疼痛，请你感受疼痛的位置和强度，哪些感受是强烈的，哪些感受是不强烈的，并立刻把注意力放到呼吸上。在这个过程中，不要跟随和阻止你的情绪，我们只是觉察到这些情绪，并带着它们平静地呼吸。在整个孕期及胎儿娩出的过程中，你可能会体会到耻骨疼痛、宫缩痛等一系列或漫长或强烈的疼痛。每一次疼痛都会使你的宝宝更加快速地降生，每一次疼痛都是你迎接新生命的必经之路，请你记住要时刻保持呼吸和觉察。

第五章 同行
——感受宝宝的伴随

接下来，让觉知的光从头部向下，到脖子、喉咙的部位，然后继续向下到躯干，将注意力移动到整个肩部，关注肩关节及其周围的所有地方。现在，请将你的注意力从肩部移动到前方的胸部、腹部，后方的肩胛、整个背部，让觉知的光束包裹着整个躯干，由上向下，由外向内，从皮肤、骨骼、肌肉，到胸廓和腹腔里的脏器，感觉胸骨、乳房，觉察心脏在胸腔内的跳动。

接下来，让觉知的光束继续往下扫描，到后背部和腹部，你需要花点时间去感受一下宝宝的存在，探索腹部的任何一种感觉。吸气时，感受腹部隆起的感觉；呼气时，感受腹部下陷的感觉。宝宝现在在动么？那是一种什么样的感觉呢？

现在，将注意力慢慢移动到臀部和骨盆，觉知骨盆的扩张。在分娩的过程中，宝宝会经过骨盆娩出。感觉臀部与椅子或者垫子之间的接触感，并把这种觉知慢慢向下移动，到大腿、膝关节、小腿、脚踝、脚趾。

感激你的身体，正在孕育一个小生命。在分娩的过程中，你会在不同的产程经历不同的疼痛感受。在每一次疼痛来临的时候，请保持对于当下的觉察。你的子宫会定期、频繁、强烈收缩，每一次感觉到疼痛，都像是宝宝和你的一种联结，他会在你温暖地身体里萌芽、长大，直到和你见面的那一天。

每一次疼痛，都让他离你更近一点。

此刻，请你怀着感恩的心情，想一想小生命即将来临的样子。怀着这样美好的期待和愿景，你可以放松地进入梦乡。

今天的冥想就到这里。

第六章

互动
——
享受胎教好时光

第25周
给宝宝起个小名吧

在婚后五年多的时间里，我和墩总经常会聊起给孩子起名字的话题。最终，沿袭了我们第一部合著文集的命名《如风》，我们有了一个男孩的名字"如风"，又有了一个女孩的名字"若水"。墩总又饶有兴致地多准备了两个名字："乐土"和"似火"。

至于小名，一开始我们觉得"咖喱"是个响亮而有趣的名字，后来在若水姑娘出生15天时，爷爷说"若水"在古代是一条河的名字，就是现在的雅砻江，所以给又她起了一个小名叫"小雅"。墩总见状仿诗经几句奉和：

上善若水，润物无争；

君子安雅，温文如风。

▎你期待孩子成为怎样的人

孩子的名字里通常包含着爸爸妈妈对他的期待。自古以来，人们对后代便有着望子成龙、望女成凤的希冀。

从科学的角度分析，希望孩子超越自己是 DNA 指使下的一种遗传学的本能，因为这样才能让基因有最大的概率延续传承。但不少父母对孩子的期望过高，不但给孩子带来压力，也让自己产生了焦虑的情绪，进而影响整个家庭的和谐。

其实，最好的教育就是父母的言传身教。爸爸妈妈只需要做好自己，然后保持期待。不必慌张，小生命远比我们想象的更机敏、更顽强。

对于目前仍在妈妈肚子里的宝宝而言，最需要的便是一个安静、舒适的环境。我们可以做的就是享受和他在一起的时光，和他一起晒太阳散步，给他读一本书，给他讲讲爸爸妈妈小时候的故事，或者给他听听多丽丝·戴（Doris Day）的那首耳熟能详的《顺其自然》（*Que Sera Sera*），然后，就让一切顺其自然吧。

慈心冥想：给宝宝起个小名吧

🎧 扫码收听

你好，欢迎来到今天的冥想环节。

本周是怀孕的第 25 周。进入整个孕期的后半程，胎动会逐渐强烈起来，准妈妈在感到幸福的同时可能又会有些紧张。

今天，我们就一起来做一个慈心冥想的练习，给自己和宝宝都带去一份爱与关怀。

请找到一个安全、舒适的空间，你可以坐着或躺着，选择一个让你感到放松的姿势。在冥想的过程中，如果你感觉到不舒服，那么你可以随时停下来。

首先，我们来做一个绵长的深呼吸。深深地吸气，缓缓地呼气。留意此时此刻身体的任何感觉、想法和情绪，并在这一刻让它们保持自己本来的样子。现在，把注意力带到你的呼吸上，也许这种感觉就停在你的腹部。关注腹部的起伏，把你的双手轻轻地放在腹部，感受一下自己腹中的宝宝，想象他是以什么样的姿势盘踞在你的身体里的，留意那种身体里有一个婴儿的切实感觉，不论此时宝宝是安静的，还是运动的。

你会给宝宝起一个什么样的小名呢？名字的由来可能是你喜欢的水果，或是你们夫妻特别的纪念。如果你已经起好了小名，那么你可以轻轻地叫宝宝的名字，然后默默地把以下话语念给宝宝听，持续地将美好的祝愿发送给你腹中的宝宝，这个你在不久之后就可以拥抱的小小生命。同时，留意你在重复这些话时脑海中升起的任何想法和情绪。

"愿你安全并受到保护！愿你健康！愿你幸福！愿你可以自在生活！"

随着练习的进行，你的脑海中可能浮现出宝宝的图像，带着这样的图像持续地输出关爱，细细地感受这种温暖、关心和爱，让这种感觉充斥你的全身。

现在，转换对象，把你的爱和仁慈发送给自己，就像你希望自己的宝宝平安健康一样，去希望你自己平安健康。你腹中的宝宝和你联结在一起，你健康，他就健康，你幸福，他便幸福。现在，默默地念给自己听：

"愿我安全并受到保护！愿我健康！愿我幸福！愿我可以自在生活！"

现在，拓展这个慈爱的圈子，将祝福发送给那些你最亲近和最爱的人，可以是你的伴侣、父母和朋友，当然，也包含你和你的孩子。

"愿我们安全并受到保护！愿我们健康！愿我们幸福！愿我们可以自在生活！"

在这种慈爱和无条件关心的循环中拥抱自己和孩子，感受此刻的感觉。慈心练习是恐惧的解药，可以帮助你放松身体，缓解负面情绪。就让那些紧张、焦虑、害怕、恐惧，都在慈爱的表达中慢慢淡化，渐渐消失。请你记住，你始终被这些慈爱包围着，去感受这爱的感觉。现在，你可以睁开眼睛，也可以慢慢睡去。

今天的冥想就到这里。

第26周

追光训练，哪里有光就往哪里跑

对于拥有物理学学士学位和电子与通信工程硕士学位的墩总来说，宝宝的追光训练是不可多得的能让他大显身手的好机会。他将耳朵贴在我肚皮的一侧，举着手电筒在另一侧画着8字，像开保险箱一样听着里面的动静，同时上下左右交替手电筒的位置，直到获得宝宝拳脚相加的回应。

孕26周的宝宝变得很活跃，既能听到声音，也有了光感。白天，当我走动或者摇晃的时候，他反而在很安静地睡觉；

午饭后，我在单位的小花园里晒太阳，他也会动动手脚，像是在伸懒腰；晚上睡觉前，我终于安稳地躺在床上，他却在我的肚子里开始拳打脚踢。

有时，我会清晰地看到肚皮突然拱起来一团，可能是宝宝的拳头或脚丫，我先是被吓了一跳，过后又觉得甚是可爱。

有一次，我在肚皮拱起来的地方轻轻按了一下，宝宝似乎也感受到了这种互动，又来一"锤"，于是我俩就隔着肚皮开始了推拿切磋。几个回合过后，宝宝越发活跃，像要冲破枷锁提前出生一样，我顿时又有点儿害怕。

墩总见状张开五指，像是要抓起一颗篮球却又轻轻抚在肚皮上，嘴里念叨着："泼猴，休得无礼……"

话音刚落，那"小猴子"果真安静下来了。

环境胎教之光照胎教

进入孕期第 26 周，宝宝会第一次睁开眼皮，感受到透过妈妈肚子照进来的光线。这时的宝宝还不能觉察不同的颜色，只有一点灰度甚至更初始的明暗上的感知。此时，我们便可以开始对他进行光照胎教了。

光照胎教是环境胎教的其中一个重要方面。简单来讲，就是通过光照对胎儿进行刺激。这样可以训练胎儿对光的敏感度，从而促进视觉功能的发育，同时也能帮助胎儿形成昼夜的节律，对将来孩子视觉的敏锐性和阅读的专注度都有潜在的提升和帮助。

光照胎教首先要注意时机的把握，避开宝宝休息的时间，以免打乱宝宝的睡眠周期。通常在准妈妈感受到频繁胎动的时候，就是进行光照胎教的好时机。

最简单而自然的光照就是晒太阳。准妈妈可以在太阳光强和环境气温都比较适宜的情况下，在太阳下晒晒肚子，让宝宝感受太阳光的沐浴。

晚上睡觉前，宝宝通常会有一段时间很活跃，这时你就可以使用手电筒进行光照胎教。手电筒的亮度不宜太高，以免刺激过度。如果使用手机的闪光灯，由于其本身亮度太高，使用时可以隔着一纸张或者衣服，适当衰减光线的亮度。你可以用手电筒在胎头大致的位置进行照射，然后缓慢移动，每次照射以五分钟为宜。

在进行光照胎教的过程中，你可以同时跟宝宝说话、给他唱歌，或者播放音乐，让宝宝接受全方位的环境胎教。

此外，你还要时刻关注宝宝在胎教中的动态，并和光照前进行比较，观察是否有明显频繁的胎动，即显著的对光线刺激的响应。在移动光源位置时，观察宝宝的肢体是否有向相应方向运动的倾向。这些都是宝宝在受到良性的光照刺激时所产生的积极的响应。

如果在光照过程中，胎动变得异常频繁和激烈，则应立刻停止光照。这说明宝宝对光照胎教的时机、方法或者光线强度不适应。第二天，你可以尝试换个时间或者换个光源，直到找到宝宝舒适的互动方法为止。

【冥想练习】

正念胎教：追光训练，哪里有光就往哪里跑

⌕扫码收听

你好，欢迎来到今天的冥想环节。

这一周是孕期的第 26 周，宝宝的双眼和听力系统已经完全形成，胎动也逐渐变得活跃。此时，准妈妈可以训练胎儿对光的感应，这有助于促进胎儿视觉功能及大脑的健康发育。

今天，让我们带着正念和觉知，做一次胎儿的追光训练。光照胎教一定要在胎儿有胎动时进行，请注意过程中胎儿胎动的变化，如果你有任何不舒服的感受，请随时停止练习，咨询专业的医师。

首先，请你找到一个安静、不被打扰的空间，准备一只手电筒，记得将光线调节到轻柔、舒服的程度，然后慢慢地侧躺下来。接下来，用手电筒柔和的微光紧贴下腹壁，注意手电筒不要放在肚脐上，而是放在腹部子宫底下两三横指的地方。

现在，开启手电筒，从腹部左侧贴着腹壁照到右侧，然后，关闭手电筒。再来一次。开启手电筒，从腹部右侧划到腹部左侧，然后，关闭手电筒。留意这一刻胎动的变化，是增加的，还是减少的？是大动，还是小动？是肢体动，还是躯干动？

留意此刻你的感受，留意每一次开关手电筒时你与胎儿的联结，感受此刻和胎儿互动的感觉。现在，再一次打开手电筒，并配合语言的互动，你可以轻轻地叫一声宝宝的小名，再告诉他你正在做的事情，问问宝宝此刻的感受，告诉他，妈妈这样和他玩游戏呢。

现在，请你留意你脑海中的想法和情绪，当你感觉到胎儿强烈胎动时，注意你此刻情绪的变化。你可能会注意到这些感觉通常都集中在胸部，当我们感觉到爱的时候，身体的这个部位就被激活了。

现在，请你再一次带着觉知的心感受腹中此刻的状态。然后，想象你拥抱着腹中的宝宝，安然地结束这愉快的一天。

今天的冥想就到这里。

第27周

每天跟宝宝说晚安

到了孕期第 27 周前后，我们便开始对宝宝进行胎教了。相比各种针对身体的干预和观察，胎教可以算得上是我和墩总最有所准备的事情，至少用播音腔讲睡前故事是我的强项，墩总则承担起音乐和科普老师的任务。

一开始，胎教主要在晚上进行，因为宝宝在睡前总会更活跃一些，伴着音乐或者睡前故事入睡，也有利于宝宝的睡眠。从那时开始，每天和宝宝道一声"晚安"，是我和墩总在忙碌一天之后共同的默契。

整个孕期，我都在穿插着录制冥想练习的音频，直到宝宝出生的前一天。墩总说，宝宝是我的第一个听众，而他是第二个，因为声音在身体里的传播速度比在空气中的传播速度要快。

墩总最喜欢在胎教时给宝宝唱《听妈妈的话》，有节奏的说唱，舒缓的副歌，有助于宝宝节奏感的形成。通过我的观察发现，宝宝对于胎教歌曲的流派似乎并没有明显的喜好，因为每次的胎动响应都差不多。因此，你也不必太在意歌单的选择，只要别太吵就行。

胎教

我国古代便有胎教的概念，最早出现于西周时期。早期的胎教针对的是孕妇的道德和行为规范。如今，胎教的主旨是为了胎儿能健康成长而为其提供的良好的内外部环境。

广义的胎教是为了确保孕妇顺利度过孕产期而进行的饮食、运动、睡眠等各方面的保障，是针对胎儿所面临的整体大环境的工作。

狭义的胎教就是指我们日常所说的，对妈妈肚子里的胎儿进行声音、光照、抚摸等各方面的适当的刺激，让胎儿的各类感官在产生和生长的同时，能够得到合理的锻炼和开发，从而达到提高胎儿素质的目的。

在胎儿六个月时，各项器官的发育已趋于完善，脑细胞的数目已经接近成年人。这时的胎儿已经有能力对各种层面的刺激做出响应。

最常见的胎教分类有以下几种。

1. 对话胎教

顾名思义就是跟宝宝说话。从早到晚所做的每一件事，想到的每一件事，都可以跟宝宝娓娓道来。你可以从道一声"早安"开始，告诉宝宝你在路上看到的花花草草，你的午饭吃了什么，你坐哪趟公交车回家……你也可以跟宝宝说说你的心理活动，讲个小时候妈妈给你讲过的故事，声调富有感情，温柔而细致。

2. 唱歌胎教

唱歌比语言的连续性好，而且通常唱歌所带动的身体共鸣会间接影响子宫内的宝宝。对于孕妇而言，唱歌可以锻炼肺活量，深度的呼吸可以提高血氧含量。这个时期是宝宝最熟悉妈妈的声音的时候，所以你不必太在意音调，对于宝宝来说，妈妈的声音就是最好的歌曲。

3. 音乐胎教

用于胎教的音乐通常具有和谐、愉悦、轻松的特点，对孕妇和胎儿的身心舒畅有积极的作用。相比于对话胎教和唱歌胎教，音乐胎教属于外界环境的刺激。

4. 自然胎教

为了让胎儿能贴近自然，更早认识这个世界，我们应该让他更早地接触自然界的各种环境刺激，包括太阳光的照射、鸟叫声、流水声、树叶的哗哗声……孕妇也可以在接触大自然的同时增添一些运动，比如在公园里散步，这样也有助于最终的分娩。

孕期
冥想心理课

5. 情绪胎教

所有的胎教方法都是为了给胎儿一个安全舒适的环境，而孕妇的情绪则会直接影响胎儿大脑的发育。情绪胎教就是针对孕妇的情绪进行调节，从而促进胎儿的成长发育。所谓七情——喜怒忧思悲恐惊，都是人类无法逃避的情绪，适当的情绪释放对身体有益，而过激的情绪，无论喜怒都会影响身体内的激素水平，甚至引起内分泌紊乱，从而影响胎儿正常生长。

【冥想练习】

睡前冥想：每天跟宝宝说晚安

扫码收听

你好，欢迎来到今天的冥想环节。

这周是孕期的第 27 周，孕中期快要结束了，艰难的孕期已经过了大半，相信你已经适应了孕期的生活，并把自己照顾得很好。

德国的一位心理博士发现，母亲对孩子的期盼会对孩子的身心发育带来积极的影响，孩子会更强壮。因此，你需要让正念时刻保持在你的生活中，让美好的心绪帮助你应对孕期的身体不适。保持良好的孕期状态，孩子也会更健康地茁壮成长。

在孕 27 周，腹中的宝宝可以听到外界的各种声音。每晚睡前和宝宝对话，不仅可以训练并调整宝宝的作息，还可以帮助准妈妈改善孕晚期的失眠状况。现在就让我们一起开始吧。

结束了一天的忙碌，此刻，你终于躺在了床上。你可以开一盏微亮的灯，也可以全部关闭。请你安静地平躺在床上，感觉床板支撑住整个躯干。你可以轻轻地闭上眼睛。结束了一天的工作，你是否感到身体疲惫？脑海中是否还回想着白天工作时的一些事情和情景？现在，请做几组深呼吸。深深地吸气，缓缓地呼气；用鼻子吸气，用嘴巴呼气。然后，跟随呼吸自然的节律，感觉身体慢慢地放松，向着床垫的方向微微下陷，感觉你的身体慢慢地安稳下来。每一次的养分输入都是给宝宝最好的气息调整，让宝宝在妈妈的腹中安全、健康地成长。

接着，感觉一下此刻躺着的身体，无论这一天里我们做了什么，经历了什么，都已经过去了，此刻，我们就躺在这里，床作为一个稳固的存在，支撑着我们的身体，安全、舒适……感觉躺着的身体承受着最多重量的部位，也就是与床单接触最紧密的部位——脚后跟、小腿肚、大腿后部、臀部、腰部、背部，感受肩胛的部位、双臂、双肩、后脑勺……然后轻轻地把手放在腹部，感受此刻胎儿的状态。他是睡着的，还是醒着的？他在运动吗？如果此刻胎动非常强烈，请你安抚他，并对他说："亲爱的宝贝，已经是晚上了，妈妈要睡觉了，请你和妈妈一起睡吧。晚安，亲爱的宝贝。"

第六章 互动
——享受胎教好时光

请你感受此刻身体的放松，觉察自己的紧张已经慢慢地随着呼吸减弱，然后把觉知拓展，从头到脚，拓展到整个身体。重新感觉一下，身体作为一个整体躺着，呼吸着，感觉整个身体在放松，感受此刻内心的安宁。

　　今天的冥想就到这里。

孕期
冥想心理课

第28周

随时关注胎动，轻松度过孕晚期

怀孕第 28 周，终于进入到孕晚期，此时的我已经是低头不见脚了，体重长了 8 千克，好在行动还算自如。

进入孕期第 28 周，医生要求我要学会数胎动。这件事一度让我很是发愁，因为很难找到一个我和宝宝都能对得上的时间。当我闲下来正准备数一数胎动时，宝宝刚好在睡觉；到了午休时间，我正睡得酣畅淋漓的时候，他又在肚子里跳着"踢踏舞"。这样的情况几乎每天都在重复，时间长了，我也就懒得再仔细数了，只是感觉到宝宝每天早中晚都会动一动，然后再监测记录一下胎心，就这样多少有点儿糊弄地度过了孕晚期。

如果你现在也正处于孕晚期，或是即将要进入孕晚期，请你千万不要向我学习。胎动是宝宝健康的晴雨表，尤其是在孕晚期，作为传达胎儿讯息的主要方式，胎动是了解胎儿健康状况的重要渠道。准妈妈一定要听从医生的建议，每天关注腹中胎动的情况，并且敏感地察觉到胎动的异常。

▎如何正确数胎动

在孕晚期数胎动，准妈妈可以通过体感计数、连续数胎动、选择早中晚各一个小时数胎动等方法进行，其中，选择早中晚各一个小时数胎动是最常用的方法。

1.体感计数

一般来说，怀孕 28 周后，胎儿在宫内出现昼夜节律性，胎动比较规律。如果准妈妈每天大体感觉胎动数目正常，无明显增多或减少，就是正常的。

2. 连续数胎动

担心胎动异常时，你可以选择在清醒、安静的状态下数一个小时的胎动数，如果发现胎动异常，可再数一个小时，胎动数平均在每小时 3 ~ 5 次就是正常的。

3. 选择早中晚各一个小时数胎动

这是最常用的数胎动的方法，准妈妈可以选择一天当中早、中、晚三个时间段的各一个小时进行计数。数胎动期间要尽量保证周围环境的相对安静。只要一小时内胎动次数为 3 ~ 5 次，或三个小时胎动总数为 12 ~ 15 次，即为正常情况。如果你发现胎动次数减少或胎动过于频繁，很可能存在宫内缺氧的情况，建议你及时去医院就诊。

需要提醒各位准妈妈的是，胎心监护并不能代替数胎动，而数胎动也不能代替胎心监护，应该将两者结合起来，综合判断胎儿的状态。

【冥想练习】

学会放松：随时关注胎动，轻松度过孕晚期

 扫码收听

你好，欢迎来到今天的冥想环节。

这一周是孕期的第 28 周，恭喜你正式进入孕晚期，辛苦了。随着胎儿进入孕晚期，准妈妈通常会表现出更明显的紧张、焦虑等负面情绪，对自己和胎儿的健康表现出过分的担心，因此，更需要通过一些方式来帮助你减缓身心的紧张，为最后的分娩做足充分的准备。

今天，我们就一起来做一个冥想放松练习，帮助你从沉重、疲劳的身心中舒缓过来。

现在，请你找到一个让你感觉到安全、舒适的地方，不需要是什么特别的地方或是空间，让你感觉到舒服就可以。请你慢慢地扶住腹部，缓缓地朝左侧躺下来，然后慢慢地闭上眼睛。请你感受此刻地面支撑着身体的感觉，它支撑着你的每一节脊椎，从头顶到脚趾。你现在非常安全。让我们来

做一组深呼吸，深深地吸气，就像是在闻远处的花香；缓缓地呼气，就像是在吹一排蜡烛。吸气，呼气；吸气，呼气；感觉呼吸让你慢慢平静。

现在，请你将注意力放在腹部，感受身体此刻的感觉，留意身体的哪一个部位让你感觉到不太舒服。将注意力移动到这个让你不舒服的部位。是腰部，还是耻骨？是手脚，还是颈椎？那是一种什么样的感觉呢？是麻木，还是疼痛？觉察这个部位的感觉，并观察这种感觉。你可以在这种感觉中停留一会儿，不要去评判或者逃离，只是去感受和观察。这种不适可能会让你觉得难过，但它并不能伤害你和你肚子里的宝宝。

现在，在你的脑海中回想一下，让你觉得幸福美好的生活瞬间。比如当你听到一首你最喜欢的歌，回想一下那个时刻的感觉；或者回想一下当你吃到你最爱吃的冰淇淋，那时的你是什么样的感觉呢？想到这个让你感觉到美好的瞬间，然后回忆一下当时的感觉。现在，把这种感觉移动到让你感到不适的那个部位，想象有一束觉知的光，把这个部位照得暖融融的。

继续停留在这个感觉中。好的，非常好。现在，请将双手平放在你的腹部，感受此刻胎儿的状态。如果此刻出现胎动，那么就跟随着胎动，保持觉察和记录。一次、两次、三次……留意一下，胎动是什么样子的？是绵延的，还是强力的？是缓慢的，还是高频的？稳健的胎动就像是宝宝正在告诉妈妈，"我很好，请你不要担心。再过不久，我们就要见面啦"。

现在，再来做一个深呼吸，然后缓缓地睁开眼睛，你可以环顾一下四周，感受一下和之前有没有什么不同。

今天的冥想就到这里。

孕期
冥想心理课

坚持
——
灵活应对不适感

第29周
接受事物本来的样子

　　接受事物本来的样子，这是一条很普通的建议，它甚至可以用于指导整个孕期的心理状态。我之所以把它放在这一节来讲，是因为在孕29周前后，准妈妈往往会经历一次焦虑感的爆发，这让我们必须重新审视一次怀孕带来的变化，并及时调整好心态去应对。

　　怀孕29周前后，随着肚子的渐渐增大，胎儿越来越沉，我的身体活动也开始有一些不方便了。以往雷厉风行的我，生活节奏不得不慢了下来，我好像正在失去对自己身体的控制……

在当前的孕周其实还是需要保证一定的运动量的，不能完全躺平。所以，如果自我评估没问题的话，继续上班也是一种很好的选择，但是通勤路上一定要格外小心。

身体活动逐渐受到限制，难免会引发对精神状态的影响，从而加深准妈妈的焦虑。

墩总总是安慰我，要相信自己、相信科学，不用过多地担心未来的事情。他建议我行动不便时可以多看看书，做做高考题，当我真的尝试静下心来，的确获得了一些不一样的认知。

我读了达尔文的《进化论》，从哲学层面受到了不少启发。准妈妈所经历的过程，实则是这个星球几十亿人都经历过的非常有把握的事情之一，因此并不需要过分担心，只需要跟着它本来的样子去做就好。况且，准妈妈的身边既有医生、护士的技术支持，又有亲人的陪伴照顾，无论从任何角度来看，准备工作都是非常完备的。这足以让准妈妈心安理得地"躺平"，安然地接受生孩子这件事本来的样子。

接受但不做判断

正念疗法的创始人乔·卡巴金曾经这样定义正念："个体有意识地把注意力维持在当前内在或外部体验之上，并对其不做任何判断的自我调节方法。"可以说，正念疗法的核心要义便是停下一切，认真感受当下的生活。

在现代化的生活中，我们总是能够习惯性地避免把注意力放在那些非重要的事情上，但对于怀孕的妈妈来说，有些影响却是全身心的。当怀孕的感觉逐渐加深，对自己的身体有了不可忽视的影响时，我们就必须要正视它了。这时，我们应当停下一切，让自己的身体处于放松状态，接受大自然的安排，感受肚子里宝宝自己的努力。渐渐地，妈妈和宝宝也会互相适应，越来越默契。

人总是对未知的事情心存恐慌，但凡事都有第一次，所有的经验之谈，都不如亲身尝试一番。在整个孕期中，准妈妈都应当像是在观察实验一样，关注着自己的变化，也关注着肚子里宝宝的变化。这些变化并非我们所能控制，所以也不必有失控的担忧和烦恼。试着放下自己对于生活细小事务的掌控，你便可以收获更多的从容。

【冥想练习】

放下控制欲：接受事物本来的样子

扫码收听

你好，欢迎来到今天的冥想环节。

现在，请你找到一个安静的、不被打扰的地方，你可以坐着或者躺着。首先，我们来做几组深呼吸。深深地吸气，缓缓地呼气。一进一出，一切平衡有序，不需要达到什么特别的状态，只需要感受呼吸的感受，让空气在身体里自由地流动。接下来，请将注意力拉回到自己的意识中，问自己几个问题。

对于即将出生的孩子，你对他有什么样的期待吗？

你希望他成为谁？

你希望他将来过什么样的生活呢？

你可以接受他是个平凡的孩子吗？

对于身边的伴侣，你希望他是怎样的父亲呢？

对于你自己，你希望自己是一个什么样的母亲呢？

做到什么样的程度，你认为对自己是满意的呢？

觉察你头脑中的所有想法，向自己完全袒露。

有哪些对孩子的期待，是你儿时能够做到的？

有哪些对父母的期待，是你的父母曾经做到的？

你是按照你父母期望的样子成长的吗？

成长是件漫长而又没有规律可循的事情，每个人都是独立的个体，只能找到最适合他们的方法来养育。

当你停止了对孩子的控制，你便会发现他真正的需求，可以更好地了解他、帮助他，你们的相处会更加开心。

当你停止了对家人的控制，你可以获得更多的家人的支持，有可能是你需要并且意想不到的支持。

当你停止了对自己的控制，你会感到前所未有的放松，感受与自己和解的过程。

就让所有的一切回归他们本身的样子，顺其自然。他们的本身并不因为你的控制而改变，而你需要做的只是观察、接纳、顺其自然。

现在，你获得了一种前所未有的放松，就让这样的放松陪伴你慢慢地进入梦乡吧！

今天的冥想就到这里。

第30周
让孕晚期睡眠变得舒适

　　我身边几乎所有的孕妇朋友都曾向我吐槽过孕晚期的睡眠困难。进入孕晚期，想要在夜晚睡个完整的好觉简直是奢求。一个姿势躺久了，耻骨疼痛会加剧；半夜醒来会突然鼻塞，甚至喘气都好像没那么顺畅了；因为肚子太大无法平躺，辗转反侧、彻夜不眠的也大有人在。

　　睡不着的时候，我会把枕头垫高，就这么半躺着，想象着此时宝宝在肚子里正在做什么呢？每天夜里，因为撑大的子宫压迫膀胱，我也会起床如厕几次，重新回到床上躺下，便再难入睡。一天，两天……渐渐地，我陷入一种对于失眠的恐惧中，心里也越发地着急。

后来，我尝试着和肚子里的宝宝做"睡前谈话"："亲爱的宝贝，现在是晚上了，结束了一天的工作，妈妈要睡觉了，你和妈妈一起睡吧，让我和你说一声'晚安'。"我想象着自己并不是一个人孤独地入睡，而是有宝宝陪伴着我，这样一来，我的心情就放松多了。

当然，你也可以准备一些有助于睡眠的物件，在自己觉得舒适的仪式感下安然入睡。如果实在睡不着，也一定不要批判自己。对自己宽容，是成功入睡的最大助力。愿所有的准妈妈都能够拥有三秒"昏厥式睡眠"，一旦躺在床上，便能安然入睡。

如何在孕晚期保证睡眠质量

1. 正确的睡姿

仰卧时，增大的子宫会压迫腹主动脉，影响对子宫的供血和胎儿发育，所以，孕晚期的孕妇尽量不要仰卧，最好采

第**七**章 坚持
——灵活应对不适感

取左侧卧位睡姿。左侧卧位睡姿可以减轻子宫血管张力，保证胎盘的血流量，既有利于胎儿发育，也有利于让右旋子宫转向直位，以达到胎位变换正常及分娩正常的功效。同时，采取左侧卧位睡姿还有利于胎儿更好地获取氧气和营养物质，排出二氧化碳及废物，并且可以避免子宫对下腔静脉的压迫，减少孕妇肢体浮肿，促进血液循环，降低早产的风险。因此，孕妇在怀孕期间，尤其是在孕晚期最好采取左侧卧位睡姿。当然，虽然左侧卧位是孕妇的理想睡姿，但整晚保持同一个睡姿是不太可能的，孕妇可以采取左右侧卧位交替的睡姿。

2. 良好的室内环境

睡觉时，适宜的室内温度为17℃～23℃，适宜的室内湿度为40%～60%，如果条件允许，还可配合使用室内空气净化器，经常对室内空气进行净化和消毒。

3. 舒适的卧具

过于柔软的床垫并不合适孕妇使用。对于孕晚期的孕妇来说，选择棕床垫或在硬板床上铺9cm厚的棉垫最为适宜，同时，还要注意选择松软、高低适宜的枕头。

【冥想练习】
左侧卧位入睡：让孕晚期睡眠变得舒适

🎧扫码收听

你好，欢迎来到今天的冥想环节。

进入孕期的第 30 周，胎儿胎动的强度逐渐增大，假性宫缩变得更多，此时的你可能出现入睡困难、失眠、尿频、早醒等症状，这会让你的身体感觉到更加疲劳。伴随着怀孕后期耻骨疼痛越来越剧烈，你的身体会慢慢感觉到不如以前那么灵活了。这些都是孕晚期的正常现象，请你不要过分紧张。各位准妈妈还是应该尽量保证睡眠质量，不要劳累，注意休息。今天，我们就来做一个睡前冥想，帮助你缓解失眠、早醒的困扰。

请你调暗或者关闭卧室的灯光，保证卧室的安静，拉上窗帘。请保持左侧卧位，慢慢地躺在床上，感觉到床板支撑着你的整个身体，从头顶到躯干。此刻，你感觉非常安全。现在，你可以慢慢地闭上眼睛。我们来先做一组深呼吸，深深地吸气，缓缓地呼气。你也可以保持平稳的呼吸，不用刻意去深呼吸。当你的呼吸变得平稳时，请你感受此刻身体的感觉。

研究者认为，当我们一直保持单一的规律呼吸时，肺部会变得有些僵硬而不利于空气交换。因此，在普通呼吸中加入叹气，可以帮助肺泡的扩展，就像是重启了呼吸系统，能让人快速地感觉到放松。如果你准备好了，我们就一起来将呼气变为叹气。深深地吸气，然后叹气；吸气，叹气；再来一次，吸气，叹气。

现在，你可以简单地把注意力移动到身体的某个感觉上，不管它们在哪里，也无论它们此刻是放松的还是紧张的。如果当下没有什么特别的感觉，那么请将你的注意力放在身体与地板接触的部位，带着放松的心情来感受。

现在，关注头脑中有什么样的想法，这些想法在头脑中是如何升起的，然后保持我们的注意力，观察这个想法在头脑中的变化，直到这个想法结束。

然后，觉察此刻脑海中的情绪，是平静的，还是愉悦的？注意让你感觉最放松、快乐、平静的情绪是停留在身体的哪个部位，这些感觉可能都集中在胸部。带着这样的平静

孕期
冥想心理课

和愉悦，跟你肚子里的宝宝说一声"晚安，妈妈要睡觉了"。如果你愿意，你可以继续保持着这种觉察，希望你可以一夜安眠。

今天的冥想就到这里。

第七章 坚持
——灵活应对不适感

第31周

换个角度看待不适感

　　进入第 31 周，孕期已经度过了四分之三。一路走来，我们见证了一颗种子从孕育到萌芽，整个过程神奇而美好。从孕期第 30 周开始，怀孕的不适感变得越来越强烈。在孕期第 31 周，我开启了耻骨疼痛的进程，这真的是一件十分痛苦的事情，我决定给自己买一个孕妇枕。

　　孕妇枕的功能主要是让孕妇在侧身睡觉的同时腰腹部能够有所依靠，减轻腹部的压迫感，同时也有利于保护好孕妇，避免睡在旁边的老公在翻身时碰到腹中的宝宝。使用孕妇枕后，我的疼痛感有了明显的缓解。

进入孕晚期，肚子里的宝宝也在一步步地为出生做着准备，所有的孕期不适，其实都是宝宝在和妈妈争取更好的降生条件。从遗传学的角度来看，胎儿的种种变化越是让妈妈感到异常，越能获得妈妈更多的注意，从而让妈妈从身体和精神上做出响应。正如耻骨分离的现象，由于它最终能够极大地提高生产的成功率，于是这样的行为便掺和在基因里遗传了下来。因此，我们不必纠结于所有的不适，这些并不是异常，而是亿万种群先辈流传下来的宝贵经验，就像是宝宝在呼唤："妈妈，你要关注我哦！"

▌来点仪式感

宝宝正在紧锣密鼓地为来到这个世界做最后的准备，妈妈此时也需要给自己一些仪式感，一方面可以转移对疼痛的注意力，另一方面也能保持好的孕期心情。

1. 拍个孕照

孕期 30 周左右是比较合适的拍摄孕妇写真的时间，你可以去专门的照相馆，也可以将摄影师请到家里来拍摄。十月怀胎转瞬即逝，辛苦的等待都是值得回忆的美好。

2. 录下胎心

在孕检测胎心的时候，你可以把扑通扑通的声音录下来保存，等宝宝长大后放给他听，你也可以对录音进行适当的剪辑，在孕期因为不适而失眠的时候，把它当作最好的环境催眠音。

3. 写孕期日记

行动开始不便的准妈妈可以伏案写一些心情体会，将孕产见闻或想跟宝宝说的话都写下来，就像是寄给未来的时光慢递。

4. 改善环境

换个枕头，换个床单，甚至换个房间，总之，换一个能让自己更加舒适的睡眠环境。

缓解耻骨疼痛：换个角度看待不适感

扫码收听

你好，欢迎来到今天的冥想环节。

进入孕期的第 31 周，随着孕周的逐渐增大，有一些准妈妈会出现耻骨分离痛，并且情况会随着孕周的增大而更加严重。此时，准妈妈需要准备一个孕妇枕，侧躺时在双腿之间夹枕头或抱枕，舒缓脊椎与骨盆的压力。

耻骨联合疼痛的通俗说法是胯下痛，这样的不适感可能延伸到腰背、骨盆、大腿或小腿。疼痛在怀孕分娩的过程中无法避免，我们能做的就是换一个角度看待疼痛。

现在，请你找到一个舒适、安全的地方，然后找到一个令你舒服的姿势。当你准备好了，请你缓缓地闭上眼睛，先做一个漫长的深呼吸，深深地吸气，缓缓地呼气。吸气，吸进新鲜的氧气，呼气，呼出体内的废气，感受空气在身体里流动的感觉。现在，将注意力放在你的头部，慢慢划向肩部，再到背部、腰部、臀部，以及大腿，感觉新鲜的空气充盈到你整个身体里。现在，觉察你身体感觉到疼痛的部位。如果此刻你感觉到耻骨疼痛或是紧绷，观察它，让注意力停留在那里，体会这种感觉是如何变化的。留意它的变化，疼痛是更剧烈了，还是减轻了？留意它的范围，是扩大了，还是缩小了？留意它的感觉，不要用好坏去形容它，只需要充分地感受它，就像是一个和你相处很久的老朋友。你不需要有什么样的情绪变化，只需要平静地告诉自己，它又来了。记住，保持对呼吸的觉察。吸气时，想象着把新鲜的氧气吸进疼痛的耻骨；呼气时，感觉疼痛是否在软化、减轻，甚至消失。留意什么时候疼痛是最强烈的，什么时候疼痛有所减轻。在整个过程中，你也可以观察是否还有其他的感受，观察此刻你的情绪是负面的还是积极的，是抗拒的还是接受的。请你对于耻骨抱有一种好奇的、包容的态度，即使面对的是身体强烈的感觉，好奇心也会支撑你保持一种正常的状态，减轻当下的痛苦感。当疼痛越来越强烈时，宝宝也离你越来越近。

现在，将手掌贴在胸口，或者用双臂抱住自己，让这种关怀的善意全身心地留给自己，告诉自己"怀孕辛苦了，谢谢自己"。同时，想象你肚子里的宝宝也在拥抱着你，然后跟

孕期
冥想心理课

你说："妈妈辛苦了，谢谢妈妈。"

最后，让我们再做一次深呼吸，深深地吸气，缓缓地呼气，让我们在觉知中结束这次冥想。

第32周

共情时刻，和准爸爸交换身份

　　怀孕生产期间，一些之前没有发生过的问题可能会逐渐显现出来，例如，很多人都比较担心的婆媳关系和夫妻关系问题。

　　墩总并没有在我和婆婆之间简单地"和稀泥"，而是经常把我和婆婆之间的问题转变为我俩的共同体和公婆的共同体之间沟通应对下一代的问题，虽然看起来关系变得生分了一些，但只要问题解决了，所有人反而轻松了不少。因此，我家的婆媳关系一直都比较和谐。

我起初惊讶于墩总这种数学头脑又有些社恐倾向的人居然也能解决婆媳这类难题，他觉得是我小瞧他了，说他只是把婆媳关系在解决问题的层面上等价为另一种家庭间沟通的模式，于是就变成了另一个更易解决的命题，这是"社会哲学的数学原理"。看来，我是小瞧数学了。

我和墩总都属于各自性别中较为典型的思路体系，我偏向于沟通和激进，他偏向于实干和保守。因为婚前婚后我们一直是比较爱聊天的，所以在沟通到位的情况下，基本没有产生过什么矛盾。

墩总认为，夫妻、公婆、岳父母这种典型的六人家庭，需要根据利益和立场的不同，按照三个独立的家庭来进行交流，这样三对夫妻都能保持在各自的角度对家庭需要共同面对的问题进行沟通和解决。如果夫妻两人不捆绑，就容易演变成娘家和婆家之间的分歧，这样一来，夫妻关系难免会受到影响。

在这个稳定的三角形家庭模型的讨论会上，墩总总结了结婚多年我俩的一个共识：沟通第一，立场一致。

第七章 坚持
——灵活应对不适感

和伴侣保持相同的立场

夫妻之间沟通是第一位的。夫妻之间的立场一致，是解决大家庭问题的最重要的一环。

在整个孕期，夫妻之间应当经常举行家庭会议，事无巨细地罗列各种问题，并及时形成夫妻间的共识。以下所列问题可供参考。

选择公立医院还是私立医院？

在哪儿坐月子？谁来陪同？

最近身体感觉如何？是否需要家人更多的支持？

开不开空调？

请不请月嫂？

谁来给宝宝起名？

喂母乳还是喂奶粉？

……

夫妻之间形成一致的意见后，便可以在大家庭中安排接下来的事情。对于某些领域拿不定主意的，可以请教双方父母，问问大家的意见。有一些问题可能双方父母也会有不同的意见，这时夫妻之间就需要根据统一的立场和想法和父母进行沟通探讨。在针对下一代的共同目标下，问题通常都是能够解决的。

【冥想练习】

缓解浮肿压力：共情时刻，和准爸爸交换身份

扫码收听

你好，欢迎来到今天的冥想环节。

这一周是怀孕的第 32 周，多数准妈妈的身体变得越来越沉重，行动开始不便。你可能会感觉到疲劳感加重，手脚浮肿。你承受着这些身体上的压力，每天都变得很辛苦。加油，再坚持一下，宝宝马上就要出来和你见面了。

从孕中晚期开始，孕期血压升高，心肺、肾脏负担都比较重，有些准妈妈会出现手脚浮肿、关节变大、晨起疼痛的症状，同时，准妈妈由于要为分娩做准备，激素使得关节、韧带都变得松弛，请不要过于担心，这些都是正常的现象。这时候，就让准爸爸们出场吧。每晚睡前，你可以尝试让准爸爸帮助你按摩水肿的部位，一起聊聊宝宝的出生，聊聊宝宝出生前的准备工作，缓解一些水肿、疼痛所带来的不适。

今天，让我们和准爸爸们一起来做一个身份转换的冥想。

现在，请你们带着觉知，保持开放和接纳的态度，以爱、慈悲和理解之心去做这个练习。

现在，请你们找到一个安静的、不被打扰的空间，面对面坐下来。当你们准备好了，请慢慢地闭上眼睛。深深地吸气，缓缓地呼气。现在，请你们张开双手，和对方的手交叉握住。试着去感受一下对方手的温度，是温暖的，还是冰凉的，感受一下和对方皮肤接触的感觉。怀孕分娩不只是准妈妈自己的事情，更是一个家庭的事情。现在，请妻子感受被丈夫支撑的感觉，回想一路走来的孕期，有很多的困难并不是你一个人在面对，你有强有力的支持一直和你在一起。感受这份支持带给你的感觉。

现在，有一股神奇的力量将你们的身份互换，丈夫变成了妻子，妻子变成了丈夫。请准爸爸把自己想象成正在孕晚期妊娠的妻子，回想她曾经跟你说过的孕期的辛苦，比如手脚浮肿、耻骨疼痛、便秘、尿频……并仔细地感受这种感觉；请准妈妈体会丈夫小心翼翼的体贴和照顾。此刻，你们的双手握得更紧。因为你们的结合，即将有一个小小的新生命呱呱坠地，这是你们生命的联结，请你们感受这种联结带来的感觉。你们彼此支撑，彼此照顾，你们不是自己一个人，你

第七章 坚持
——灵活应对不适感

们获得的是双倍的支持和关爱。

现在，请你们还原回来，回到自己的身体里，感受此刻身体的感觉，感受个体获得关爱的感觉。如果你们感觉到舒服，可以松开双手，或者依旧紧紧地握着。

今天的冥想就到这里。

拥抱
——

开启分娩倒计时

第33周

拥抱宝宝来临前的信号

　　不知道从什么时候开始，宝宝在我的肚子里从头位转成了臀位。通过 B 超可以清晰地看到，宝宝盘着腿稳稳地坐在我的肚子里，于是我得到了一个诊断：胎位不正。为了尽早让宝宝恢复到头位，我不得不在每天的固定时间跪在瑜伽垫上做胸膝卧位，一做就是 20 分钟。练习一结束，我立刻侧躺在瑜伽垫上，感受着来自腹部的波动起伏。

　　每天，我都会跟肚子里的宝宝念叨："宝贝啊，你一定要转过来啊，前天去做 B 超，发现你还是臀位呀，你什么时候才能转下来呀？我们商量一下，你还是乖乖转下来好不好，这样妈妈也不用挨一刀了。"就这样持续了三周之后，宝宝如愿以偿回归头位。我想，他大概是听到了我的呼唤。

离临产越来越近了，我时常感觉到宫缩，每天早上醒来，脚踝抽筋和耻骨疼痛都愈发严重。在每一个起夜、失眠、疼痛的夜晚，我都在期待着和宝宝早日相见。

▍如何改变胎位不正

在孕早期，半数宝宝都是臀位。随着孕周增加，宝宝逐渐长大，头变得越来越大，在地心引力的作用下，宝宝会自然地从臀位转成头位。只有 3% ~ 4% 的宝宝没有翻转，仍然是臀位。

当你发现宝宝是臀位时，不要着急，先看看自己的孕周，胎位是否还没有固定，如果已经固定了，你可以尝试以下方法帮助宝宝转成头位。开始之前，你需要先询问你的产检医生是否可以采用纠正臀位的方法，最好是具体咨询某一个你准备尝试的方法，问问医生这个方法是否适合你和宝宝目前的情况。在保持绝对安全的前提下，我们才能进行胎位倒转的练习。

1. 臀倾斜体位：让髋部高于头部的姿势

具体操作方法：仰卧位，弯曲双膝，把脚平放在地板上，抬起臀部，在家人的帮助下在臀部下方垫一个稳固的靠垫，让臀部比你的头部高出 25 ~ 40 厘米，保持这个姿势 10 分钟。你可以选择在宝宝睡醒的时候练习，每天进行三次。练习前不要进食，并且要排空膀胱，这样可以缓解不适感。

2. 声音：没有危险性而且是令人感到愉快的

具体操作方法：在宝宝醒着的时候为他播放音乐，把耳机放在耻骨稍上的部位，或让老公把头枕在你的大腿上和宝宝"说话"。音乐或说话声的音量以你听起来感到舒适为宜，时间长短你可以随意安排，想做多长时间就做多长时间。

宝宝的听力很好，来自子宫外的声音可以让他产生反应，而且你和老公的声音对宝宝来说是很熟悉的。当宝宝听到来自子宫下方的令人愉快或熟悉的声音时，他为了听得更清楚，可能会朝下移动头部。虽然这种方法的成功率不是百分之百，但许多孕妇在尝试这个方法后都发现宝宝发生了转动。

3. 胸膝卧位

这是医生建议我使用的方法，也是臀位孕妇最常用的方法。具体做法是双膝分开跪在地上，然后弯腰、翘臀，让肚子尽量接近地面，每天三次，每次保持 10 ~ 20 分钟。

4. 催眠分娩技巧深度放松

催眠分娩创始人玛丽·蒙根（Marie Mongan）女士的著作中提到一个研究，该研究将怀孕 36 周之后胎儿臀位的 100 名孕妇作为研究组，另外 100 人作为对照组。在研究组中，母亲在催眠状态下被引导进入深度放松状态，想象她们的婴儿很容易倒转，并想象婴儿已成功倒转到适当的位置并进行分娩，想象子宫变得柔韧而放松，有足够的空间让宝宝进行倒转。通过母亲与宝宝的交谈，最终，有 81 名宝宝自发地从臀位转成头位，而且比预期时间缩短了 6 个小时。而没有使用催眠分娩技巧的对照组中，只有 26 名宝宝自发地从臀位转成头位。这项研究的数据在医学上具有重要意义。

你可以从上述几种方法中选择自己喜欢的试一试。其实，臀位也是可以顺产的，不一定必须要剖宫产。如果臀位孕妈妈很想自己生，那就要和医生提前沟通好是否具备顺产条件，并且找到支持臀位生产的医护人员。

【冥想练习】

假性宫缩别担心：拥抱宝宝来临前的信号

你好，欢迎来到今天的冥想环节。

这一周是怀孕的第 33 周。从孕 28 周开始到现在，腹部可能时常会出现假宫缩的现象。妊娠进入后期，增大的子宫开始下降，胎头下滑使骨盆受到的压力增加，准妈妈常常会感觉腹部往下坠，背部伸不直。如果较长时间用同一个姿势站着或坐着，也会感觉到腹部一阵阵地变硬。需要提醒你的是，如果宫缩变得规律并且疼痛感逐渐增强，你需要立刻收拾待产包去医院。

现在，让我们来做一个冥想练习，缓解一下假性宫缩带来的紧张感和不适感。请你找到一个安静、舒适的空间，慢慢地面朝左侧躺下来，感受地板或床支撑着身体的感觉。深深地吸气，缓缓地呼气。吸气，呼气。如果你准备好了，请你慢慢地闭上眼睛。

现在，仔细地观察、感受自己的身体，将你的身体看作一个整体，感受一下当宫缩来临的时候，你的身体是如何工作的。你的肚皮慢慢变得发紧、发硬，甚至硬得像一个篮球。深深地吸气，把空气吸到你的腹部，屏住气，然后经过胸腔，缓缓地吐气。让我们再来一次，深深地吸气，屏住气，慢慢地吐气。每一次的宫缩，都让你和宝宝的距离更近了一点。

想象一下，如果宫缩的强度分为 10 级，那么此刻，你认为数字几可以代表目前的宫缩强度呢？当宫缩再一次来临的时候，再次感受这种感觉。它和之前的强度有变化吗？是变得更加强烈了，还是更加柔和了？想象每一次宫缩都是一次身体的扩张，每一次的扩张，都会让你的心灵和身体变得更加开阔，更加包容，更加开放。

现在，请你保持对于呼吸的觉察，深深地吸气，缓缓地呼气。当宫缩来临的时候，你需要做的就是用呼吸来配合它，保持觉察，耐心地等待宫缩过去。在你即将要临盆的时候，希望你也能这样做。你要知道，这种不适感总会过去的，你完全可以应对。此刻，如果你感觉到轻松，你可以慢慢地睁开眼睛，或者沉沉睡去。

今天的冥想就到这里。

第34周

每天散步十分钟，寻找内心的平静

现代社会的橡胶轮胎和钢筋混凝土造成了人们对自然的习惯性隔离。当孕晚期我已经步履蹒跚无法再跟上都市的快节奏时，我方才感受到一些贴在地表土壤上的生活气息。

进入孕晚期，准妈妈对家人的依赖与日俱增，总是希望能一直有人陪在身边。此时，准爸爸可以适当地调整工作节奏，尽量多抽出一些时间陪伴妻子度过孕期的最后阶段。

孕34周时，胎儿的大脑已经大致发育健全，运动区和感觉区已基本发育完成，味觉和听觉也已经相当发达了。此时，在家人的陪伴下经常散散步，是非常适合准妈妈的舒缓运动。

你可以采用音乐散步法，在散步时听一些轻松、舒缓的音乐，然后按照节奏行走，步伐不要太大，自我感觉轻松、舒适就好，同时，双臂在身侧自然摆动，幅度不必太大，边走边做深呼吸。此时，肚子里的胎儿也能够随着你的步伐和呼吸感受新鲜的氧气，听到悦耳的音符和鸟鸣。这种散步方式可以扩张肺部功能，锻炼分娩时需要的呼吸技巧。

天气好的时候，我便会备好一些水和食物，拉上墩总出门去散散步。

我走在林间，沐浴着从茂密枝叶的缝隙穿透下来的阳光，空气中混杂着鸟鸣声、蝉叫声，还有小朋友的嬉戏声，我好像还听到了腹中宝宝蹭蹭长大的声音，仿佛宝宝在告诉我，他对大自然比我更熟悉。

那一刻，岁月静好。

接一些地气

在宝宝的各项指标都正常的情况下，每天适当地运动不仅有助于宝宝的健康发育，对准妈妈的情绪和身心健康也有很大帮助。

最好的散步场地是最亲近自然的地方，空气清新的林荫小道，花香怡人的公园，这些地方空气的含氧量较高，但一定要注意防蚊虫。散步的场地周围一定要有卫生间等必要设施，所以应尽量选择在开发完全的公园等场地。野外危险因素较多，不推荐孕妇去那里散步。

如果是在刮风下雨、严寒酷暑的天气下，就不适宜在户外活动了，你可以在一些比较安静舒适的室内场所活动，比如逛一逛人流并不密集的商场，在母婴店看看宝宝的小衣服，或是去儿童乐园憧憬一下未来。

在你所居住的小区里散步也是不错的选择，你可以和邻居们聊聊天，在必要的时刻，邻居们也可能成为有力的帮手和智囊。

准妈妈连续活动的时间不宜过长，而且孕晚期一定不要单独行动，身边需要旁人陪伴，一旦出现肚子疼痛、阴道不规则出血等"发动"征兆，就要停止活动，必要时及时去医院就诊。

【冥想练习】

正念行走：每天散步十分钟，寻找内心的平静

 扫码收听

你好，欢迎来到今天的冥想环节。

这一周是怀孕的第 34 周，再有一个多月，宝宝就要出生啦！你的心情一定是既紧张又兴奋吧！在孕晚期，适当走动能够达到加速胎头入盆的效果，锻炼准妈妈们的体力，保持肌肉方面的健康，并帮助你积存体力，有助于最终的分娩。

今天，我们就来做一个正念行走的训练。

行走和分娩一样，都是我们与生俱来的能力，让我们一起在行走中感觉到支撑，在行走中获得平和的情绪。

现在，请你找到一个能来回走大约 10 步的空间，可以是客厅，也可以是楼道。你可以找一个相对隐蔽的空间，方便自身的活动。

请先站在走道的一头，双脚分开与肩同宽，膝盖稍微弯曲，双臂自然地放在身体两侧，不需要有什么刻意的姿势，

然后用柔和的目光望向前方。现在，觉察你的脚底，感受脚和地面接触的感觉，感受地板支撑着你的整个身体，此刻，你感觉到非常稳定。现在，将你的左脚慢慢抬起，从脚后跟到脚尖，身体的重心慢慢移动到右腿上。向前移动左脚，让脚后跟先接触地面，自然迈开一小步，用这种方式缓慢地移动。现在，抬起右脚，体会右脚抬起并迈步的感觉。

在孕期，保持平衡不是一件容易的事情，但是行走可以让你做到。在行走中注意保持呼吸，当你到达道路的另外一头，请保持站立，觉察有什么样的想法和情绪出现在你的大脑中，然后把注意力带到你的脚和地板接触的身体感受上。如果你一不小心走神了，也没有关系，把注意力慢慢地拉回来，一步一步在行走中体会心境的平和，体会平衡的力量。如果胎动强烈或者出现了宫缩，你可以停下来，用呼吸带领着身体，直至身心平静下来。

需要注意的是，你迈出的每一步不要太大，否则会让你重心不稳。在行走时练习小步，这样有助于保持平衡。留意自己从哪里开始，到哪里结束，期间经过了几步。当你匀速走过两遍后，你可以加快速度，注意保持平衡的感觉。如果你在练习中感觉到不舒服，你可以随时停下来休息。

孕期
冥想心理课

你可以继续行走，保持呼吸，也可以稍微站立一会儿。如果你感觉到平静和舒服，你可以每天都进行正念行走的练习。

今天的冥想就到这里。

第35周

全然接纳你的担心

　　进入孕期第35周，身体活动进一步受到限制，思绪却比原来飞得更高了，经常是脑子跑得飞快，身体在后面玩命追。

　　在这个时间段，准妈妈不免会产生很多负面的想法。这时，如果你能够觉察自己头脑中这些负面的想法，让自己全然接纳它们，放松心情，清空思绪，便能轻松愉快地度过最后的紧张时刻。

科学待产有备无患

到了最后的冲刺阶段，当你不由自主地担心时，不妨静下心来，细数这一路走来的每一步，做好预案的每一个细节。

你可以翻看一下过去 30 多周的产检记录，看看其中可能存在的风险点，不确定的部分可以咨询医生，或者自己动手查一查权威的资料。绝大多数的问题都能找到明确的答案。

你还要做好全家人的动员，安排好每个人的任务和时间点，必要时可以制作关键信息卡片，并将重要物品设置好备份。进入孕晚期，待产包随身携带都不算过分。

其实，大部分的准备在实操过程中都是一闪而过的，最终你会发现，所有横亘在路上的担心都会依次倒下，不容你多想，宝宝依旧会按照他的节奏出来与你见面，而所有的这些准备，只是让你接纳自己的担心罢了。

呼吸觉察：全然接纳你的担心

扫码收听

你好，欢迎来到今天的冥想环节。

首先，请你找到一个舒服的姿势，开始今天的睡前冥想。你可以坐着或者躺着。背部放松，感受椅子或地板支撑着你的感觉。让我们做一个绵长的深呼吸。深深地吸气，缓缓地呼气。吸气，呼气。吸气，呼气。

请你关注此时此刻的念头，仔细体察身体的每一个部位随着呼吸而产生的每一个细微的变化，以及头脑中每一个意念的变化。

你是否为分娩而担心？

你是否担心孩子的健康？

你是否担心自己做妈妈的能力？

你是否担心突如其来的孩子打破以往平静的生活而让你无从应对？

其实，所有的这些担心都是太正常不过的事情。要知道，每一个准妈妈都或多或少地有过类似的念头，你并不是一个人。现在，我们来看看这些担心是否会真的发生。你的这些担心是否聚焦于当下，并且大概率会发生。对于这样的担忧，我们可以尝试更明智地去面对。如果你的担心指向更远的将来，并且大概率不会发生，或是你无法用自己的能力控制，那么就让它停在那里，不要去额外关注和解读。

如果你的脑中仍然有很多对于不确定的担忧，那么可以把担心的事情写下来，在心里正视它。

例如，我担心生完孩子，会不会对我的工作有影响？也许最糟糕的情况是：我可能会失业，没有工作，没有足够的能力给孩子最好的资源。

发生最糟糕的情况的可能性有多大呢？请告诉自己，别担心。如果真的发生，我会积极找其他的工作，我的工作能力依然会日益增长，我也仍有家人和朋友对我的支持。

我可以接受这些不确定性，而不是压制它；我可以面对这些不确定性，并且利用它。如果下次，我的脑海里再冒出"如果……怎么办"的想法时，不要去回答它，这件事也许会发生，也许根本不会发生，如果发生了，我也能有办法可以应对它。

第 八 章 拥抱
——开启分娩倒计时

正视了这些担心，你就能变得坦然而无畏。此刻，请你把身体作为一个整体进行觉察，感受你的身体和地板或是椅子之间的接触，你是否已经能让自己完全沉入身下的平面，让它来支撑你的身体。

当你担忧的时候，常把消极的想法看作是事实，而不去考虑有什么证据可以真的证实你的想法。要知道，想法只是想法，你觉察到它，感受到它，通过以上几步可以慢慢消除这些负面的想法，帮助你克服过度担忧，拥有平静和快乐。

最后，请继续专注于你的呼吸。你头脑中的任何想法，都会慢慢飘走，你可以沉沉睡去。

今天的冥想就到这里。

孕期
冥想心理课

第36周
给自己的身心放个假

临近五月，北京已是春意盎然。随着天气逐渐灿烂起来的，还有我的好心情。我陆续收到了很多亲朋好友的慰问，纷纷关心我何时生产。

苗姐姐原是地方台的当家花旦，这一次，我诚邀她帮我拍摄"生产纪录片"，她二话不说就立即请假过来了。墩总买了幕布、灯光等设备，自己在家里搭了一个"摄影棚"，经过调音、试光等环节后，纪录片就这样开拍了。

第一位接受采访的人，是我的婆婆。她正襟危坐在镜头前，开始发挥初中教师的职业特长，用蹩脚的普通话滔滔不绝地讲述自己即将成为"奶奶"的感受，情真意切，令人动容。我很感谢我的婆婆。身为一名痊愈后的乳腺癌患者，她义无反顾地扛起带娃的重任，成了我家的育儿主力，为我和墩总减轻了不少负担。我想，这大概就是一名合格的教育工作者最基础也是最伟大的素质：无条件喜欢孩子，教育孩子，别人家的孩子如此，自己家的更是。

给自己放个假

孕期第 37 周前，我整理好自己的工作，做好交接，准备给自己放个假，回家待产。

进入孕期第 37 周后，孕妇的肚子通常已经很大了，胎儿也已经足月，随时都可能生产。除了提前准备好待产包及所有去医院要用的东西外，你还可以抓紧这最后的时间，做一些产前想要做的事情。

◆ 睡懒觉。

◆ 吃一点你想吃的零食。

◆ 看一部你想看的电影。

◆ 和丈夫一起散步、逛公园。

◆ 坚持写下最后几篇怀孕日记。

◆ 准备一个分娩歌单。

◆ 阅读一些分娩知识。

◆ 和丈夫来一场产前谈话。

◆ 联系好月嫂及月子中心。

宝宝即将降临，你的心情一定是既紧张又激动的。保持良好的心情，在此时显得尤为重要。毕竟，你已经坚持了这么久，就快要和宝宝见面了，请你调整好状态，等待宝宝的到来。

【冥想练习】

感受当下：给自己的身心放个假

你好，欢迎来到今天的冥想环节。

这一周来到了怀孕的第 36 周，还有一周就要足月了！此时，胎头已经慢慢下降，有些胎儿已经开始入盆了。准妈妈的体重也已经接近顶峰，每周都需要做一次产检，监测胎心、胎动。当然，你也可以开始准备待产包，安排一下没有做完的工作，为分娩做最后的准备。

经过和医生的充分沟通，相信你已经了解到自身的生产条件，此时你需要做的就是保证营养、储蓄体力，放下手头的工作，开始修整自己的身心吧。今天，我们就一起来做一个一日冥想，身心合一，觉知当下，让正念随时随地关照你和宝宝的身心。

当你早晨醒来的时候，觉察你的呼吸，关注你的身体里有个小人儿，他此刻是醒着的还是睡着的？今天，你都安排了哪些事情呢？是去花园散个步，还是做一顿简单的早饭？

又或者，把为宝宝准备的衣服都洗干净？这是你生命中的新的一天，距离和宝宝见面又近了一天。请你带着好奇的心，开始这一天吧。

当你刷牙的时候，留意你是如何拿着牙刷的，以及它是如何在口中转动的，感受牙刷接触牙齿的感觉。

当你穿衣服的时候，感觉身体的移动和伸展。衣服是什么质地的？是绵柔的，还是粗布的？

当你吃饭的时候，认认真真看着今天的餐食，感谢这些食物的馈赠，感受每一口食物在你口腔里的感觉，那是你和宝宝每日的营养所需，那是来自大自然的馈赠。

当你晒太阳的时候，感受太阳光照射背部的感觉，我们所有的情绪都在背部积累，让温暖的阳光将这些情绪软化，直至消失。感觉阳光暖融融地照在你身上，阳光为你和宝宝补充钙质，带给你跟宝宝温暖和舒适。

当你去买东西的时候，觉察你的意图。你计划去买点什么？是买给自己的，还是买给宝宝的？你和宝宝是否真的需要？留意你是否出现了任何困惑或者被淹没的感觉。

你也可以力所能及地做一些家务，叠衣服、浇花、整理待产包……把正念带到你生活的每个瞬间，让生活拥有更多的可能性。

　　现在，问一问你自己的内心，你计划去做些什么呢？带着觉知的心，开始一天的生活吧！

　　今天的冥想就到这里。

第37周
掌握与自己相处的方法

此刻，我正坐在医院的诊室里，跟我的主治医生聊天："最近宫缩特别频繁，走两步就宫缩，您说我是不是快生了？"医生看了我一眼，立刻变身为面试官开始考我："临产前的三个信号都有哪些？"

我下意识地回答着："见红、破水、规律宫缩。"

1. 见红

见红是由宫内的毛细血管破裂造成的轻微出血，是临产的征兆之一。如果孕妇见到大量红色出血，那么宝宝可能就有危险了，需要快马加鞭赶到医院去。

2. 破水

破水其实是个比较危险的临产信号。破水就是胎膜早破，是指包裹宝宝的胎膜破裂，羊水流出。羊水是无色透明的液体，它的流出不受孕妇的控制。发生破水时，孕妇需要平躺下来，将双腿抬高。如果羊水流出太多，宝宝就会有危险了。破水的孕妇要尽快去医院，为了避免宝宝宫内感染，越快就医越好。

3. 宫缩

作为宫颈口打开、娩出胎儿的必要条件，宫缩是生产前最有说服力的信号。但时，子宫需要慢慢学会运动，在真的宫缩来临前，往往会出现一段"假宫缩"。假性宫缩的特点是疼痛不强烈、规律难寻，有时候15分钟一次，有时候4分钟一次，让孕妇摸不着头脑。假性宫缩的间隙会渐渐缩短，慢慢演变成真正的宫缩。当孕妇感到疼痛很频繁，平均 3 ~ 5 分钟出现一次，每次持续 30 ~ 60 秒时，就说明真的宫缩已经来临了，此时就要赶紧去医院了。

孕妇要谨记这三个临产前的信号，这是宝宝在肚子里"敲门"呢。除此之外，在这个特殊的时刻，孕妇一定要尽量保持心情放松，用坚定的心去迎接新生命的到来。

分娩的三个产程

每个孕妇所经历的产程长短都有着个体的差异化。在以往的大众认知里，通常认为个子高、臀围大的人生孩子比较容易，这一说法并不科学。事实上，产程的长短和孕妇的精神状态、年龄、胎儿在子宫内的位置及子宫颈口的松弛度等因素有关。

分娩一般分为三个产程。初产妇的第一产程一般需要 11 ~ 12 个小时，而经产妇的宫颈比较松，宫口扩张比较快，需要 6 ~ 8 个小时，甚至更短。

第一产程称为宫颈扩张期，它是指从临产开始一直到宫口完全扩张，也就是宫口开到 10cm 为止的时间。第一产程很痛，靠的是孕妇的坚持和耐力。

第二产程又称胎儿娩出期，是指从宫口全开到胎儿娩出的全过程。初产妇一般需要 1 ~ 2 个小时，经产妇会快很多，通常在一个小时以内完成，有些快的可能只需要几分钟。第二产程的关键是配合，孕妇要听从医生的指令正确用力或哈气。

第三产程又叫胎盘娩出期，一般需要 5 ~ 15 分钟，最多不超过 30 分钟。胎儿娩出后，孕妇的宫缩会暂停一会儿再重新开始，胎盘在子宫收缩的作用下会从子宫壁剥落移至子宫口，此时孕妇只需再次用力，胎盘即可顺利脱出。

生孩子就像是一场体育考试，孕妇只有保持好稳定的心理状态、良好的体力，才能在这一场分娩的"体育"比赛中获得好成绩。

【冥想练习】
自我关怀：掌握全新与自己相处的方法

扫码收听

你好，欢迎来到今天的冥想环节。

首先，我们从一个舒服的姿势开始，既专注又放松，向你的内在中心，又向超越你的外在的世界敞开。请找到协调一致的属于你的中心，这是一个只属于你自己的世界，给自己一个允许，放下为他人表现的自己，与自己有一个很好的联结。想象在你的周围画一个圈，这是你自由、安全的处所，进入这个圆圈，调频进入你自己，注意你的呼吸，伴随着每一次呼吸，你可以感受到你的肌肉正在慢慢地放松，每一次呼吸都帮你打开一个内在的、新的空间。

现在，我们尝试着去觉察意识的中心，去寻找一下你头脑的中心在哪里，和祖先智慧、知识联结的中心在哪里。也许在丹田，放松并且去聆听那个非言语的中心在哪里。当你感受到的时候，以共鸣一致的方式和你的中心联结，和它一起呼吸。这不仅是一个令你沉静的地方，是安静的住所，也是联结的所在。

我们可以与祖祖辈辈的智慧联结。好像有一道门，把你和古老的自己联结，这是你要开始任何旅程的出发点。你可以去探索任何的挑战，在困难的时候回到中心。

我们可以与你想成为的自己联结。比如你马上要成为母亲，你可以在关系中寻找快乐，你可以让身体更加健康而有活力，对自己给予深深的爱与关怀，只是去感受未来你最想成为的是什么。在你的中心保持的同时，让你未来的那个感受出来。当你在探索时，与你的中心联结，与更深的智慧联结，与你想要的生活、最想成为的自己联结，与未来的你联结。

我们可以请求这个世界的支持，请求那个支持你的存在加入你，可以是家庭成员、朋友、宠物、自然，可以是来自另一个时空的声音、灵性的存在。当你敞开并且寻求帮助时，欢迎他，请求他们的支持，去拓展并且和他们联结。为了这个旅程，让你的潜意识把所有的资源包含进来，让你自己体会到这种联结。

在整个怀孕和分娩的时期，请把所有的善意给自己、给家人、给你还未出生的宝宝。你的生活正像你期待的那样在你的眼前展开，那是一个柔软而满足的你，还有你爱的人也同样能够帮助你，你会慢慢地感受到内心深邃的幸福和平静。最后，你可以缓缓睡去。

今天的冥想就到这里。

第九章

新生
————
共同迎接挑战

第38周

微笑面对，和准爸爸一起整理待产包

孕期第38周的第一天，我终于把整理好的待产包放进汽车的后备厢。待产包里的东西从产妇的吃穿用度，到各式各样的新生儿用品，称得上是应有尽有。总结一下，以下这些物品都是必不可少的。

1. 产前所需物品

除身份证外，办理入院手续时还需要准备好结婚证、准生证、社保卡、银行卡等证件；准备睡衣、拖鞋等住院所需生活用品，睡衣应尽量选择睡裙，方便穿脱和医生内检；临产前，产妇的食欲会有所下降，准备一些士力架等高能量食物有助于帮产妇补充体力。

2. 产中所需物品

有些医院会为产妇准备分娩时需要的刀纸和卫生纸，也有些医院会提示产妇自己备足。刀纸的韧性比卫生纸更强，在分娩时有大量血液、羊水等流出的情况下，刀纸的使用率更高。

3. 产后所需物品

产后所需物品包括孕妇的换洗睡衣、溢乳垫、产褥垫、哺乳内衣、卫生巾、吸奶器等。产妇在分娩时会出大量的汗，产后一定要及时更换被浸湿了的睡衣。另外，分娩后产妇身体会有大量的恶露排出，这时产褥垫、卫生巾便是必不可少的。

4. 新生儿用品

新生儿用品包括奶瓶、尿不湿、湿巾、隔尿垫、婴儿服等。宝宝出生后除了要准备包被外，还要准备婴儿服，天气较热时可以准备和尚服，稍冷一点时可以准备连体衣。另外，宝宝的肠道在母体子宫内积聚了一定量的胎粪，使得他在出生后会频繁排泄，因此要提前准备好尿不湿和棉柔湿巾，及时为宝宝做好清洁，保持宝宝臀部肌肤的干爽。

准妈妈将待产包分类打包好后，要将每样物品放在哪里告知陪产的家人，以便他们能在第一时间找到你所需的物品。

陪产时，准爸爸都需要做什么

● 鼓励和陪伴你的妻子，帮助她树立分娩的信心。

● 在宫缩期间歇，辅助妻子下床活动一下，可减轻产痛。

● 在宫缩期间歇，协助妻子喝一些饮料或吃一点食物，及时补充能量。

♦ 根据妻子的需要，帮她做背部按摩。

♦ 提醒妻子使用产前辅导课上学习的呼吸技巧，帮她稳定情绪。

♦ 使用简单的语言与妻子沟通，帮助她放松，如果条件允许，准爸爸可由始至终陪伴在妻子身旁，共同见证新生命的诞生。

【冥想练习】

妊娠足月：微笑面对，和准爸爸一起整理待产包

🎧扫码收听

你好，欢迎来到今天的冥想环节。

这一周已经进入孕期的第 38 周，胎儿已经足月，随时都可能出生。辛苦了，各位准妈妈们！此时，胎儿已经基本发育完全，你还是需要随时关注胎动的变化，注意是否出现见红、破水、规律宫缩这些即将临产的信号。今天的冥想练习能够帮助你梳理好混乱的思绪，为分娩做好心理准备。

请你找到一个安全、舒适的环境，不需要是什么特别的地方，让你能感到舒适就好。现在，请你慢慢地侧躺下来，然后慢慢地闭上眼睛。先做一组深呼吸，深深地吸气，缓缓地呼气；深深地吸气，能吸多深就吸多深，缓缓地呼气，能呼多久就呼多久。

现在，尽可能地让自己不去刻意呼吸，只需要感受空气在身体中流动的感觉。请你在脑海中想象分娩时你需要的东

西。例如，你是否准备好了瑜伽球、哺乳衣、产褥垫？这些都是分娩前后你需要用到的东西。在脑海中细细地做一个扫描，然后把准备好的东西都装进脑海中的"抽屉"。

现在，在脑海中打开另外一个"抽屉"，这个"抽屉"是宝宝需要的东西，奶瓶、奶粉、尿不湿、婴儿衣物，这些都是你为宝宝精挑细选的。如果你都已经准备好了，就可以在脑海中关上这个"抽屉"。

接下来，请再打开一个"抽屉"。分娩结束后，你要带宝宝回家了，而你也即将开始坐月子。有谁可以帮助你照看宝宝？有谁能够照顾产后的你？如果这些问题都已经解决，那么，关上这个"抽屉"。

现在，觉察你头脑中的想法，混乱的思绪是否变得清晰了？那些还未完成的事情并不是一团乱麻，而是可以一件一件去解决的具体的事情。那些你认为非常沉重的压力，其实只是一个个小小的压力。每解决一个问题，压力就减轻了一些。此时，你是否觉得内心变得轻盈和放松了呢？现在，请将觉察放在你嘴角的肌肉上，让嘴角轻轻上扬，保持这样的状态一分钟。研究显示，当我们微笑时，身体内会释放内啡肽。嘴角微微上扬，请你将这个微笑留给自己。

宝宝马上就要和你见面了，不论这期间有任何变化，请记住这种微笑的感觉，觉知这个世界上所有可以给你稳定支持的力量。你可以带着开放、包容的心去觉察，去感受，去迎接新生命的到来。

　　最后，轻轻地把双手放在腹部，感受此时胎动的感觉。新生命在向你招手，你轻轻地用手环绕腹部，感觉自己正拥抱着你的宝宝，然后你可以安然睡去。

　　今天的冥想就到这里。

第39周

平衡身心，做好产前沟通和分娩预演

　　私立医院在生产前有一项活动是参观产房及分娩预演。我提前看到了产房的样子，也看到了病房里的沙发、婴儿车……听着助产士讲述着分娩时会遇到的一些问题和分娩流程，我在心中默默地跟自己说，这一天终于快来了。

　　除此之外，医院还发给我一本《生产偏好手册》，里面有几十道选择题。这些题目把生产的过程描绘得美轮美奂。例如，你希望以什么样的形式生产？你想在分娩时听什么音乐？这些细节会让人愿意相信，这只是一场旅行。那么，在这场旅行中，你要以什么样的姿态来拥抱新生呢？此刻的我没敢多想，只是每天看着各种关于生产的视频，学习怎样生孩子。其中，复习过最多次的就是拉玛泽呼吸法。

▎怎样做拉玛泽呼吸法

拉玛泽呼吸法是一种通过调节呼吸来放松心情、减轻阵痛的方法，它可以帮助产妇将注意力转移到呼吸控制上，是一种经典的助产法。我总结了"拉玛泽呼吸法"的要点，分享给各位产妇。

1. 准备阶段：廓清式呼吸

当产妇感觉到宫缩快来时，将手放在肚子上，深吸一口气，感觉腹部微微隆起，然后再慢慢地吐一口气。用鼻子吸气，用嘴巴吐气。

2. 开 3 指前：胸式呼吸

深吸慢吐，深吸气 4 秒，慢吐气 4 秒，循环往复至宫缩结束。用鼻子吸气，用嘴巴吐气。

3. 开 3 ~ 8 指：变速呼吸

深吸 4 秒，吐气 4 秒；深吸 3 秒，吐气 3 秒；深吸 2 秒，吐气 2 秒，深吸 1 秒，吐气 1 秒；深吸 1 秒，吐气 1 秒；深吸 2 秒，吐气 2 秒；深吸 3 秒，吐气 3 秒；深吸 4 秒，吐气 4 秒。用鼻子吸气，用嘴巴吐气。

4. 开 8 ~ 10 指：烫嘴式呼吸

用嘴巴快速吸气吐气，吸气和吐气各持续 2 ~ 4 秒。

5. 生产时：拉大便式呼吸

10 指全开，即将分娩。此时，产妇在宫缩来时用嘴巴深吸一口气憋住，然后像拉大便一样，往肛门处使劲 10 秒后吐掉这口气，换气，再使劲 10 秒，重复此过程直到宫缩结束。宫缩结束后，产妇要赶快休息蓄力，等待下一次宫缩来临。

6. 孩子的头快出来时：哈气呼吸

孩子的头快出来时，产妇再使劲可能会造成撕裂，此时的呼吸要用哈气或吹蜡烛的感觉，用嘴巴轻轻哈气，把孩子"哈"出来。

分娩预备：平衡身心，做好产前沟通和分娩预演

扫码收听

你好，欢迎来到今天的冥想环节。

来到孕期第 39 周，你是否已经到了预产期呢？你的宝宝是否已经出生了呢？如果还没有出生，请你不要着急。在这一周，你的身体和心理都已经做好了临产的准备，也许在本周的某一天，你会感觉到腹部一阵阵持续地疼痛，当这种疼痛变得越来越长、越来越剧烈、越来越集中时，恭喜你，你可能就要见到你的宝宝啦。如果出现有规律的阵痛或者其他不舒服的症状，你需要尽快寻求医生的帮助。

在真正分娩之前，如果可以的话，你最好到分娩的医院去参观一下，评估一下分娩环境对于自己的支持，这也能帮助你放松心情，缓解分娩的紧张。

在分娩即将到来的时候，你可能会感觉到兴奋和害怕，害怕因为分娩疼痛太剧烈而失控，担心自己照顾不好即将到

来的新生命。请你放轻松一点，不论是在偶发阵痛的预产期，还是当你开始有规律地宫缩，抑或是在需要你使用腰腹部力量的产程中，你都要记得保持对于当下的觉察，觉察一下身体的感觉，这会帮助你更好地了解和平衡自己的身体。

现在，我们来试着用冥想觉察身体。你可以在需要的时候进行这个练习。

请你找到让你觉得安全的环境，找一个舒服的姿势坐好，轻轻地闭上你的眼睛，或者轻柔地注视着地面。做几次深呼吸，感受空气的流入和流出带来的放松的感觉。深深地吸气，缓缓地呼气；再来一次，深深地吸气，缓缓地呼气……

现在，让呼吸回到自然的节奏中。打开你的注意力，体会此刻身体有什么样的感觉出现，带着好奇、开放和关爱的心态去留意，看看能否用一个词来描述。是紧绷的吗？是疼痛的吗？是抽搐的吗？持续关注现在的感觉，留意它们是保持不变的，还是变得更强烈了。允许它们保持本来的样子，然后充分地感受它们，静静地体验它们会发生的变化，顺其自然，如此往复。让我们这样练习 30 秒。

这个练习的关键是让自己有意识地去体会身体正在发生的感觉。如果你感觉不舒服，可以变换一下你的姿势，也可以轻轻地晃动或者摆动自己的身体，看看身体的感受是否发生了变化。如果身体的感受实在太剧烈，或者让你过于紧张，你可以随时暂停这个练习，不用强求。

你知道吗？在这个时候，每一次的疼痛加剧，都意味着宝宝马上就要出来和你见面了。面对分娩中的一切变化，希望你都能保持接纳和开放的心态。恐惧本身并不可怕，也摧毁不了什么。不要强求自己掌控一切，最好带着好奇的心去观察和体会你即将或正在经历的一切。

和你的伴侣沟通，请他提供你所需要的支持，在你感觉到艰难的时候，他会在你的身边安抚你、鼓励你、帮助你。

和你的助产师沟通，告诉她你会非常配合，你也会非常信任她们。请助产师告诉你产程会如何变化，请她支持你、鼓励你。

有时，分娩环境会嘈杂和混乱，无论如何请你保持注意力集中，呼吸会一直陪伴着你。不论你在分娩前后经历了怎样的困难，它都不会持续太久。养育孩子是一件辛苦但幸福的事情，请你记住，所有的痛苦终将会过去，而迎接你的会是你们爱的结晶——一个近乎完美的、可爱的宝宝，他会治愈你所有失落的人生部分。成为父母，是需要你们一同去面对的、崭新的人生体验。在此之前，你需要做的就是好好照顾自己，依然认真地吃每一餐饭、做每一件事，处于当下，觉察并且保持愉悦。

今天的冥想就到这里。

第40周

相信自己，拥抱新的生命体验

2021 年 5 月 10 日，孕期第 40 周。

亲爱的宝贝，今天是预产期，可你还是稳得很，没有一点要发动的迹象。你是不是觉得待在妈妈肚子里面很舒服？你可以赖一赖，但是爸爸妈妈还是希望你赶紧出来跟我们见面。你的到来，为我抵挡了很多不开心，你一定像我想象的一样可爱。我们一起走过了 280 天，你每天在我的肚子里动来动去。我们遭遇过很多波折，但是也收获了很多很多的关照和爱。期待和你见面的那一天，以及以后的岁岁年年。

合体了 280 天，当分娩的日期一天天临近，我的心里既期待又有点儿不舍。这 280 天是我们共同经历的人生，未来，亲爱的宝贝，我希望你可以拥有属于自己的充实、丰富的人生，让你不后悔来到这个世界，不后悔选择我们成为你的父母。

2021 年 5 月 10 日是我的预产期，墩总陪我逛了商场、吃了火锅，仿佛是在和我们此前的二人世界做一个匆忙的告别。面对充满挑战的人生新阶段，我和墩总也曾在迷茫中怀疑，我们能做好吗？我们可以为孩子的一生负责吗？坦白说，我们无法自信满满地说一定能行，只求尽力做好。我曾多次想象过孩子出生后的场景，我愿把所有美好的期待都献给我的孩子，而最具体的一句居然是"我希望你像你的爸爸，这样就很好"。

我不知道自己未来会不会像父辈一样总是将自己的想法强加到孩子身上，不知道自己是否能逃过"控制欲"超强的老母亲人设，不知道夫妻关系会不会因为孩子而变得疏远，也害怕婆媳生活在一起矛盾会变多，但此刻，我只想陪伴着孩子一起成长，我愿意承受所有的压力和变化，我期待着未来的模样，希望你，也和我一样。

▍你做好分娩的准备了吗

待产包里的物品再检查一遍，不要只顾着检查宝宝的用品，也要关照好你自己。放松心情，给自己轻松积极的心理暗示。

复习拉玛泽呼吸法。如果没有出现需要剖宫产的情况，你要尽早树立顺产的信念。

每一次阵痛来临时，你需要尽量放松。疼痛越来越强烈，意味着宝宝离你越来越近。再坚持一下，不要轻言放弃。

如果你的宝宝迟迟没有发动，也不要着急，保持与助产士的沟通，信任医务人员，他们会在关键时刻帮助你和你的宝宝。

分娩当日，建议你补充一些优质蛋白，吃一些富含维生素且清淡、易消化的食物。

在产后 6 小时内排尿，以促进膀胱功能的恢复，以免因膀胱过度充盈而影响子宫收缩。

产后第一次下床排尿时，为了防止因身体虚弱而晕倒，你可以在起身后在床边稍坐一会儿，确认自己没有头晕、心慌、眼花等不适后方可下床解小便。

产后第一次如厕务必有家属陪伴，如厕后使用冲洗器进行冲洗，如身体出现不适，请你立即卧床平躺，同时呼叫护士。

为了了解子宫收缩和阴道出血的情况，你需要配合护士按压腹部（子宫底），按压时会有不适或痛感。

一般来说，产后母婴同室，正常新生儿 24 小时和母亲在一起。提倡母乳喂养，按需哺乳，以促进乳汁分泌。

十月怀胎，一朝分娩。我们走过相同的路，体会过同样的心情。此刻，让我们给自己加油吧！

学会接纳：相信自己，拥抱新的生命体验

扫码收听

你好，欢迎来到今天的冥想环节。

这一周是孕期的第 40 周，宝宝是否已经如约而至了？希望即将成为母亲的你，此时的精神不要过度紧张。相信这个时候，你已经明确了自己的生产方式，宝宝出生后所需要的吃穿用度也已经准备齐全，剩下的就是关爱自己的内心了。

在现代医疗条件下，分娩的安全性已经大大提高，你也一直在认真进行产前检查，重视孕期保健，所以此刻，你首先要做的是相信自己，也同样相信你的宝宝。

有一些准妈妈们的产前状况会有些改变，例如，本来计划顺产，结果迟迟没有发动，需要催产；又或者顺产过程中遇到一些情况，临时需要转为剖腹产……变化是常态，你需要做的就是用平常心、接纳的心、带着好奇的心去审视和接纳即将到来的一切。

今天，让我们一起来感受一下正念呼吸和分娩时的呼吸有什么共同之处。

首先，你需要找到一个安静、安全的空间。请你慢慢地侧躺下来，先来做一组深呼吸，深深地吸气，缓缓地呼气。现在想一想，正念时的呼吸与分娩时的呼吸是否一样呢？它们的共同点是什么呢？它们又有着怎样的区别呢？让我们一同来感受一下。

它们的共同点就是要把注意力集中于呼吸上，呼和吸都尽量拉长。正念呼吸练习可根据个人日常的呼吸习惯，鼻子吸气，鼻子呼气，没有固定标准。而待产时的呼吸，会要求鼻子深深地吸气，嘴巴缓缓地吐气，避免过早向下用力而导致会阴处的撕裂。等到正式分娩时，当宫缩来的时候鼻子吸气，呼气的时候可以向下用力，且这一口气要拉得越长越好。当一波宫缩结束后，你可以用身体扫描法来放松身体，同时储备能量，等待下一波宫缩的来临。现在，让我们一起来练习一下，深深地呼吸，屏住气，然后缓缓地吐气。再来一次，深深地吸气，屏住气，缓缓地吐气。如果在练习的过程中，你有任何不舒服的地方，请随时停下来寻求专业帮助。

感受分娩时呼吸的感觉，记住这种感觉，并在头脑中，告诉自己：

"我的产检目前一切顺利，我可以安全地将宝宝生下来。如果产程中出现任何问题，都会有专业的医务人员帮助我，我对于即将发生的事情有充足的心理准备，我会接纳随时而来的变化。我会慢慢适应作为母亲的角色，我相信自己，我的宝宝也相信我。"现在，觉察一下你身体的感受是怎样的，你是否觉得稳定了很多？

现在，告诉你肚子里的宝宝：

"亲爱的小宝贝，你的预产期已经快要到了，虽然你很眷恋妈妈的肚子，但是爸爸妈妈还是希望你赶快出来和我们见面。欢迎你来到我们的家庭。不论你是自然娩出还是手术取出，这都是你独特的选择来到这个世界的方式。我们马上就要见面了，我们都要加油。"

请你对于一切未知保持好奇、敞开的态度，迎接新生命的到来。这是一段新奇的、需要你和宝宝一起去体会的新的生命体验。别害怕，向前冲吧！

今天的冥想就到这里。

孕期
冥想心理课

后记
POSTSCRIPT

大家好，我是"墩总"。

应邀为董老师的新作写后记，我感到十分荣幸。从选题撰稿开始，我们便有很多讨论。我认为这是一本非常有现实意义的孕期参考书。

我国的生育率逐年下降，除了整体社会发展的一些因素外，和当今一代年轻人所承受的社会压力也不无关系。房贷、裁员、内卷、鸡娃……这些词汇频繁出现在每天的新闻头条中。在我们的朋友中，结婚和生育的年龄也越来越晚。

董老师最早的焦虑便是由社会认同的一些问题所激发的。怀孕生产这件事，从身体的细微变化逐渐演变成一场对于躯体的颠覆性变革，把"董姐""董老师""董记者"从社会一线拉回到"妈妈"这个不需任何修饰的自然角色里，整个过程用了将近一年的时间。

这本书便是按照从社会回归自然的时间线，记录了40个

后记

章节，每个章节都和我们共同经历的孕周形成纪实性的对应。希望这本书可以给正在和即将成为父母的各位带去一些精神抚慰。

我在书中出现的频率还是挺高的，董老师给我树立的人设和我的自我认知基本一致。生儿育女是一个家庭从建立到成熟的一个标志性事件，丈夫和妻子在这个事件中是一个共同体，而这也势必会产生另一种身份认同的变革。本书第 32 节所记述的内容精准地记录了我们近些年在家庭转变过程中的方法和心得。或许各位准爸爸并不是这本书的第一读者，但我也希望能把这些内容分享给你们，与你们共同探讨。

至于后续：小雅从刚刚落地的"添屎"宝宝已经升级为每天早上自己坐马桶、吃饭不挑食、哄睡自己拍自己、14 个月就认识 5 个字的"天使"宝宝了。我说随董老师，董老师说随我。待我们有空再跟大伙儿分享。

祝诸君健康。

灵犀 AR 联合创始人

"墩总"王耀彰

2022 年 8 月 1 日